天王星早在 1690 年就已被記錄過，為何直到 1781 年才被發現？

《海王星檔案》隱藏了重大秘密嗎？

冥王星為何會被降級？

遙遠的歐特雲天體有可能會被觀測到嗎？

太陽會有半星啊？

那顆星星不在星圖上

尋找太陽系的疆界

盧昌海 ◎著

序

　　我與本書的作者是熟悉的。當年，我為復旦物理系高年級少數優秀學生開了一個討論班，學習量子理論初期發展的歷史，希望能夠更好地理解其中的一些困難問題。就是在這個討論班上，當時還是大學一年級新生的盧昌海，主動請求作個報告，要介紹海森堡的矩陣力學。可以想像，我當然是帶著極其懷疑的眼光答應了他的請求，主要還是不想傷害一個年輕人的熱情和自尊。但結果著實讓我和他的學長們大吃一驚，他真的已經完全掌握這部分內容了！一年之後，他又提出要免修物理系最重頭的全部「四大力學」課程，即理論力學、熱力學與統計物理、量子力學和電動力學。為此，系裡專門為他組成陣容超豪華的名教授團隊，一門門筆試加口試地進行。全部結束之後，每一位參加測試的教授都真的被這個年輕人的才華折服了。據我所知，一位低年級學生能免修全部的「四大力學」課程，在復旦物理系的歷史上還從未有過，而且成績還是無可爭辯的全優。或許這一「光輝紀錄」還會保持相當長的時間吧。

　　就是這樣一位當年的才子，今天已成為一位優秀的科普作家。除了這本書，清華大學出版社還出版了他的另外兩部科普著作《太陽的故事》和《黎曼猜想漫談》，都很精彩。其中，後一本書還得到了大數學家王元的褒獎和推薦。另外，昌海目前還在努力地寫作，相信會有更多的佳作問世。

　　回想當年，一套《十萬個為什麼》幾乎成為我們這代人青少年時期科普作品的代名詞。所幸的是，這種時代一去不復返了。今天的情景已完全不同了，書店裡的科普作品可謂琳瑯滿目。多是多矣，然而拿起來翻閱幾頁後，還能不讓人失望的卻不多見。歸納起來可以說，一些作者對什麼是

真正好的科普作品還缺乏認識。第一，科普作品絕非「淺」知識的堆積，更不是一堆知識，知識一堆。第二，科普作品需要將深奧的道理和知識用淺顯的語言講出來，道明白，但它不應該被庸俗化，更不允許被誤導。第三，如果科普作品的文字（包括翻譯的文字），讀起來比作品內容本身還難懂的話，怎能不讓人沮喪而無語呢？

　　事實上，若非才、學、識皆備，很難寫出好的科普作品。昌海的這本書就是這樣一本難得的佳作，這是一次從地球出發的太空「深度遊」。作者的「才」就在於他能將那些重要「景點」的來龍去脈交代得清清楚楚，如數家珍，讓人有身臨其境之感。在不知不覺、輕鬆愉快的氣氛中，對太陽系的結構形成了一幅生動的物理圖像。有別於一般專業作品，一部好的科普作品，要求作者有好的文字。昌海的文字表達不僅簡潔、乾淨，而且還能在一些節骨眼上展現幽默和詼諧，讀起來賞心悅目。作者的「學」體現在對那些常被人訛傳或誤解、誇張的歷史事件進行分析和澄清，證據確鑿，令人信服。在逐字逐句地通讀完這本書之後，最令我佩服的是作者的「識」，也就是他對物理或說對科學的品味。對於時間跨度如此之長，空間上如此遙遠而又神祕莫測的有關太陽系邊界的探索之路，在這樣一本小書中得到如此驚心動魄而又深入淺出的刻畫，如果沒有好的品味，完全沒有可能做到。

　　俗話說，好東西應該與好朋友分享。昌海的這本書，在我身邊的朋友中已有相當大的「知名度」了，但那只不過是幾個人而已。正是考慮到這一因素，當清華大學出版社邀請我為新版的書作序時，我欣然答應，而且可以很肯定地說，每個拿起這本書翻閱的人一定不會失望。

金曉峰

自序

在我為自己的第三本書《黎曼猜想漫談》撰寫後記時，曾對前兩本書沒有前言或後記的原因作過這樣的解釋：

並不是不想寫，而是因為那兩本書的寫作及出版過程都很平淡（或曰順利），沒什麼值得敘述的。若生添一篇前言或後記，不免有灌水之嫌。

現在，我卻要為那兩本書中的第一本的修訂版「生添」一篇自序了，其「灌水之嫌」且容我辯白幾句（希望不會越辯越黑）。

之所以要寫這篇自序，主要有兩個原因。首先是因為距離本書初版的問世已經過了三年多，在如今這個快節奏的時代裡，算是一段不太短的時間了。而且對於本書來說，這三年多的時間頗具代表性，甚至可以說是走過了一個生死輪迴，從而多少有了一點談「歷史」的資歷——就像久歷了歲月的人多少可以談點往事一樣。

其次是因為修訂版——或許是出於促銷方面的考慮——對書名作了變更。我雖由衷地希望出版社不要因出版我的作品而虧損，心底裡卻更害怕讀者因書名變更而將修訂版當成新書誤買以致血壓升高，因此想在盡可能靠前的文字——即這篇自序——中提個醒。不過，這一提醒是否真有效力卻殊難預料，因為讀者買書前未必都會看自序，網購的讀者則是想看也未必看得到。倘若哪位讀者不幸仍中了書名變更之「招」，致使足可購買若干個漢堡的私款流失，可到我的網站（http://www.changhai.org/）來留言解恨。

好了，現在言歸正傳，談點與本書有關的往事吧。本書的撰寫始於

二〇〇七年三月，一開始只是作為系列文章在我的網站上連載。連載了幾篇之後，恰逢杭州《中學生天地》雜誌的一位編輯來信約稿，我便提及了該系列，編輯看後表示有興趣。於是自二〇〇七年九月起，本書的內容開始在《中學生天地》雜誌上連載。不過，由於雜誌方面對字數有一定的限制，因此刊出的往往是刪節版，尤其是到了後期，雜誌方面希望在一年之內完成連載，比我自己對內容的規劃少了好幾個月，因此最後幾期刊出的內容存在大幅度的刪節。但另一方面，雜誌的連載雖有諸多欠缺，卻正是由於要向雜誌供稿，使那個系列成為我撰寫的篇幅相近的所有系列中最先完成的。從這點上講，雜誌的連載功不可沒。本書第一版的單行本於二〇〇九年十一月出版，成為我的第一本書，也在一定程度上得益於此。

不過，本書的寫作及出版過程雖然順利，出版後的命運卻不無曲折。初版的問世才不過三年，就陷入了極大的窘境，其結果用我網站上一位網友的話說，是成為了「絕版名著」。當然，那是戲言——確切地說，後兩個字（「名著」）是戲言（雖然我很希望不是戲言），前兩個字（「絕版」）卻是事實（雖然我很希望不是事實），因為本書的初版確實已無處購買了（除非是購買舊書）。只不過那並非因為賣得太好以致脫銷，而恰恰相反，乃是因為賣得太不好，以至於未及賣完，就被清了庫存。對圖書來說，可以說是「死」了一回。

唯一值得慶幸的，是本書的零售雖十分失敗，卻「東邊不亮西邊亮」地成了若干個省份的中小學圖書館的標配，從而成為了一些中小學生的「欽定」課外讀物之一。也許是這個緣故，出版社決定為本書再冒一次險，出一個修訂版。本書因此而有了如今這個「死而復生」的機會。

那麼，這個所謂修訂版究竟在何處作了修訂呢？從正文上講，只是更正了幾處筆誤，並擴充了幾個注釋，可以說是微乎其微的（這是托「歷史題材」之福，因為科學史不像科學尖端那樣日新月異）。不過，圖書的修訂並不限於正文，本書的真正修訂是以下三類內容：

(1) 插圖——修訂版添加了許多新插圖，而且是手工繪製的，不同於初版中那些來自網路的現成圖片。

(2) 索引——包括術語表，索引在國外科普圖書中幾乎已是必不可少的組成部分，在國內科普圖書中卻還不太普遍，在我自己的作品中則是首次添加。

(3) 文字——包括序言（由復旦大學物理系的金曉峰老師所撰）、附錄（由我二〇〇九年十月以刪節版形式發表在《科學畫報》上的《冥王星沉浮記》一文的完整版整理而成）及自序（即本文）。

　　以上就是對本書及修訂版的簡單介紹。說實話，對於出版社此次的「冒險行動」我是暗暗捏一把汗的。作為作者，我對自己作品的水準是有信心的，但作為有幾十年讀書、買書經驗的資深書迷，我卻深知那絕不等於能賣得好。玩過部落格的朋友們大都知道，非著名作者在非熱門話題上哪怕寫上十篇「瀝血之作」，也趕不上知名人士貼一張寵物相片更有點擊數。這是大眾行為的鮮明特點，非獨部落格如此。不過，在捏汗的同時，我還是要感謝出版社的「冒險」，並且特別感謝為本書及修訂版的出版付出巨大心力的鄒開顏編輯（她也是我其他幾本書的編輯）。另外，我也要感謝為本書修訂版撰寫序言的金曉峰老師，在平面媒體或部落格上為本書初版撰寫過書評的秦克誠、陳學雷等先生，為本書繪製插圖的李璟小姐，以及本書過去、現在和將來的所有讀者。

引言

　　記得念小學的時候，讀過一篇課文，叫做「數星星的孩子」，講述漢朝天文學家張衡的童年故事。時隔這麼多年，小學的很多課文我已經忘記了，但那篇數星的課文卻依然歷歷在目。那時候，我住在郊外，家門口有一個池塘，在許多個晴朗的夏夜裡，我和小夥伴們也常常坐在池塘邊仰望星空。那時候，郊外的天空還沒有被都市的燈光所汙染，在廣袤的天幕下，那一顆顆璀璨奪目的星星顯得特別的晶瑩和美麗。自遠古以來，這種無與倫比的美麗就吸引了一代又一代的追隨者，他們中的一些人甚至將自己的一生都獻給了探索星空奧祕的科學事業。人類尋找太陽系疆界的故事只是科學史上的幾朵小小浪花，但在那些故事中，有浪漫，也有艱辛，有情理之中，也有意料之外，有功成名就的興奮，也有錯失良機的遺憾，它們就像天上的星星一樣美麗動人。

目錄

CONTENTS

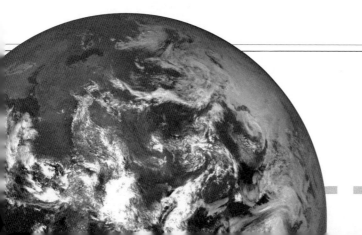

Chapter 01
遠古蒼穹

　　很多故事都會用「很久很久以前」作為開始，彷彿久遠的年代是成就一個好故事的要素。現在讓我們也從「很久很久以前」開始，來講述人類尋找太陽系疆界的故事吧。

　　在很久很久以前，一群古希臘的牧羊人孤單單地生活在遼闊的原野上。他們白天與羊群為伍，在原野上漫遊，夜晚則與星空為伴，期待黎明的到來。漸漸地，他們注意到在黎明之前，在晨光漸露、太陽即將躍出地平線的時候，天邊有時會出現一顆閃爍的星星。與多數星星不同的是，那顆星星的位置會一天天地變化，有時甚至會連續一段時間不出現。他們把這顆出現在黎明時分的星星叫做「晨星」（morning star）。細心的牧羊人還注意到，在黃昏時分，在日沉大地、暮色四合的時候，天邊有時也會出現一顆閃爍的星星，它的位置也會一天天地變化，有時也會連續一段時間不出現。他們把那顆出現在黃昏時分的星星叫做「晚星」（evening star）。後來人們用希臘及羅馬神話中的太陽神阿波羅（Apollo）表示晨星，用希臘或羅馬神話中的信使赫密士（Hermes）或墨丘利（Mercury）表示晚星。很多年之後，人們意識到晨星和晚星實際上是出現在不同時刻的同一顆星星，據說畢達哥拉斯（Pythagoras）是最早意識到這一點的人[1]。在群星之中，這顆星星的位置變化最為顯著，往來如梭，彷彿天空中的信使，信使墨丘利便成了它的名字。

　　像這樣的小故事在人類文明的幾乎每一個早期發源地都曾有過。那時的人們就已經知道，在浩瀚的夜空中，多數星星的位置看上去是固定的，像晨星（晚星）這樣會移動的星星是十分少見的。這樣的星星被稱為行星，它的英文名 planet 來自希臘文 πλανήτης（planētēs），其含義是漫遊者。遠古人類所發現的行星共有五顆。這個數目在長達幾千年的時間裡從未改變過，甚至一度被認為是永恆不變的真理。在東方的中國及深受中華文化影響的其他東方國家如日本、韓國及越南，人們將五顆行星與陰陽五行聯繫在一起，並以此將它們分別命名為水星（即上面提到的墨丘利（Mercury）），金星（在西方世界中被稱為維納斯（Venus），她

是羅馬神話中掌管愛情與美麗的女神），火星（在西方世界中被稱為瑪爾斯（Mars），他是羅馬神話中的戰神），木星（在西方世界中被稱為朱庇特（Jupiter），他是羅馬神話中的眾神之王）和土星（在西方世界中被稱為薩圖恩（Saturn），他是朱庇特的父親，是羅馬神話中掌管農業與收穫的神）。很明顯，這種命名方式除了造成命名作用外，還代表了古代東方文化對行星數目「五」的一種神祕主義的解讀。類似的解讀方式不僅存在於東方，也存在於西方；不僅存在於古代，也存在於近代。哥白尼（Nicolaus Copernicus）的日心說提出之後，地球本身也被貶為了行星，行星的數目由「五」變成了「六」。對此，著名的德國天文學家克卜勒（Johannes Kepler）提出了一個幾何模型（圖 1），試圖將天空中存在六顆行星與三維空間中存在五種正多面體這一幾何規律聯繫在一起 [2]。

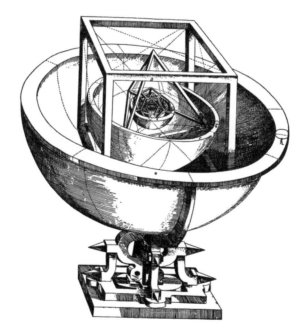

圖 1 克卜勒的行星模型

諸如此類的對行星數目的神祕主義解讀雖然並沒有什麼生命力，但除

了因日心說導致的地球地位變更外，行星數目的長期不變卻是不爭的事實。一百年、兩百年……一千年、兩千年……，這個數目是如此的根深蒂固，天文學家們大都將之視為不言而喻的事實了。他們也許做夢也沒想到，這個數目有一天竟然也會改變。這一天是一七八一年三月十三日，改變這個數目的是生活在一座英國小鎮的一位業餘天文學家，他的名字叫做赫雪爾（William Herschel）。他發現了太陽系的第七顆行星，從而成為幾千年來發現新行星的第一人。赫雪爾的發現出乎了包括他自己在內的所有人的意料，這一發現不僅為他本人贏得了永久的榮譽，也將觀測天文學帶入了一個嶄新的時代，一個由赫雪爾「無心插柳」而開啟的天文學家們「有心栽花」的時代，人類從此開始了尋找太陽系疆界的漫漫征途。

[1] 除墨丘利（即水星）外，另一顆內行星——金星——也只有在清晨和黃昏才容易被肉眼所看見（請讀者想一想，為什麼水星和金星只有在清晨和黃昏才容易被肉眼所看見？），因而也曾被遠古的觀測者誤分成晨星和晚星。後來也是古希臘人首先意識到它們其實是出現在不同時刻的同一顆行星。

[2] 具體地講，克卜勒提出的幾何模型是這樣的：將六顆行星與三維空間中僅有的五種正多面體按以下順序自內向外排列：水星、正八面體、金星、正二十面體、地球、正十二面體、火星、正四面體、木星、正六面體、土星。排列的方式是：每個行星軌道所在的球面都與其外側的正多面體相內切（最外側的土星軌道除外），同時與其內側的正多面體相外接（最內側的水星軌道除外）。克卜勒的這一模型雖然精巧，但與精密的觀測以及他自己後來發現的行星運動定律不相符合，不久之後就被放棄了。喜歡幾何的讀者不妨計算一下這一模型所給出的相鄰行星的軌道半徑之比，並與觀測數值作一個比較。

Chapter 02
樂師星匠

赫雪爾的一生非常出色地實踐了
兩種截然不同的職業，其中最出色的
職業——天文學家——不僅出現在對
常人來說很難有開創性成就的後半生
裡，而且從某種意義上講，就像他對
新行星的發現一樣，是一個無心插柳
的故事。

赫雪爾於一七三八年十一月十五
日出生在當時屬於英王領地的德國中
北部城市漢諾威（Hanover）的一個
音樂之家 [1]。赫雪爾具有很高的音樂
天賦，他十四歲就參加樂隊，不僅擅
長多種樂器，而且還能獨立作曲，他

英國天文學家
赫雪爾（1738 ～ 1822）

親自創作的交響曲和協奏曲就有幾十首之多。一七五七年秋天，十九歲的
赫雪爾移居到了英國 [2]，以演奏及講授音樂為生。

赫雪爾的音樂成就以常人的標準來衡量應該說是頗為可觀的，但放在
他的簡歷中，卻無可避免地要被他巨大的天文成就所淹沒。不過他在英國
的音樂生涯中有一件事情值得一提。那是在一七六〇年代中期，當時英國
的教會剛剛開始引進風琴，需要招募一批風琴演奏者，年輕的赫雪爾也參
加了一個風琴演奏職位的競逐。當時的競爭頗為激烈，而赫雪爾在風琴演
奏上並無經驗。但他敏銳地發現當時英國教會引進的風琴與歐洲大陸的風
琴相比有一個缺陷，那就是缺少控制低音部的踏板。為了彌補這一缺陷，
聰明的赫雪爾對兩個低音琴鍵進行了改動，從而演奏出了通常需要低音踏
板的配合才能演奏出的低音部。他的表演不僅贏得了評審的一致讚賞，而
且讓他們深感神祕（當然，他順理成章地成為了優勝者）。赫雪爾在這一
競爭中顯示出過人的動手及設計能力，將為他日後的天文生涯立下汗馬功
勞。

一七六六年，赫雪爾遷居到了英國西南部的一座名叫巴斯（Bath）的小鎮，在一所教堂擔任風琴演奏師，開始了他在那裡長達十六年的生活（圖2）。這座當時人口僅有兩千的觀光小鎮因而有幸見證了赫雪爾一生最輝煌的工作。在巴斯期間，赫雪爾的音樂生涯達到了巔峰，他不僅是風琴演奏師，而且還擔任了當地音樂會的總監，並開班講授音樂課程。一七七二年，收入已頗為殷實的赫雪爾給他母親寄去了足夠雇一位傭人的錢，從而把他妹妹卡洛琳（Caroline Herschel）從母親為她安排的枯燥繁重的家務勞動中解救了出來，並接到巴斯。

圖2 赫雪爾位於巴斯的住所
（已闢為博物館）

與赫雪爾一樣，卡洛琳也是一位頗有音樂天賦的人，但她一生注定要跟隨哥哥去走一條未曾規劃過的道路。在接卡洛琳到巴斯之前，已成為鎮上知名音樂家的赫雪爾潛心學起了數學。赫雪爾學數學的本意是想多瞭解一些和聲的數學機理，從而加強自己的音樂素養。但結果卻因學數學而接觸了光學，又因接觸光學而對天文學產生了濃厚的興趣，最終走上了一條業餘天文學家之路。而卡洛琳則成為了他在天文觀測上不可或缺的助手[3]。

赫雪爾所走的這條業餘天文學家之路，不僅為他自己走出了一片絢爛的天地，也成就了業餘天文學的一段——也許是最後一段——黃金歲月。十八世紀的許多職業天文學家過分沉醉於由牛頓（Isaac Newton）所奠定，並經歐拉（Leonhard Euler）、拉格朗日（Joseph Louis Lagrange）、拉普拉

斯（Pierre Simon Laplace）等人所改進的輝煌的力學體系之中。他們熱衷於計算各種已知天體的軌道，以此檢驗牛頓力學，同時也為經緯及時間的確定提供精密參照。在一定程度上，當時的許多職業天文學家變得精於驗證性的計算，卻疏於探索性的觀測。在這種情況下，自赫雪爾之後半個多世紀的時間裡，業餘天文學家們對天文學的發展起了重要的補充作用，這一時期天文學上的許多重大的觀測發現就出自他們之手。

常言道：「工欲善其事，必先利其器。」對天文觀測來說，必備的工具是望遠鏡。由於當時高質量的望遠鏡極其昂貴，赫雪爾決定自己動手製作望遠鏡（也順便可以實踐因學數學而接觸的光學知識）。望遠鏡的問世是在十七世紀初，其確切的發明者現已無從追溯，但德國裔荷蘭人利普歇（Hans Lippershey）於一六〇八年最早為自己製作的望遠鏡申請了專利，從而留下了文字記錄，因此人們一般將他視為望遠鏡的發明者。一六〇九年，科學巨匠伽利略（Galileo Galilei）在得知了有關望遠鏡的消息後，很快製作出了自己的望遠鏡。伽利略製作的望遠鏡在結構及放大率上都大大優於包括利普歇在內的同時代人製作的望遠鏡。並且他也是最早將望遠鏡用於天文觀測的人 [4]。通過望遠鏡，伽利略獲得了一系列前所未有的天文發現，其中包括發現月球上的環形山、太陽黑子及木星的四顆衛星（現在被稱為伽利略衛星）等。不過伽利略所用的是折射望遠鏡，這種望遠鏡由於透鏡（主要是物鏡）所具有的色差等當時技術難以消除的效應而無法達到很高的放大率。十七世紀後期，另一位科學巨匠牛頓發明了反射望遠鏡 [5]，用反射面替代了折射望遠鏡中的物鏡，從而避免了透鏡色差帶來的困擾。赫雪爾所製作的就是反射望遠鏡，這種望遠鏡的反射面可以用金屬製作而無需使用玻璃。

為了製作望遠鏡，赫雪爾將自己在巴斯的住所改造成瞭望遠鏡「夢工廠」：客廳被用來製作鏡架與鏡筒，臥室變成了研磨目鏡的場所，廚房裡則架起了熊熊的熔爐。赫雪爾細心試驗了許多不同成分的合金，最後選擇了用百分之七十一的銅與百分之二十九的錫組成的合金，作為製作反射面

的材料。在製作望遠鏡期間，除妹妹卡洛琳外，赫雪爾還得到了弟弟亞歷山大（Alexander Herschel）的幫助。赫雪爾一生製作的望遠鏡有幾百架之多，不僅滿足了自己的需要，而且還透過出售望遠鏡使家庭獲得了數目不菲的額外收入。在長期的製作中，他的作坊也一度發生過嚴重的事故，導致熔融的金屬四處飛濺，幸好大家閃避及時，奇蹟般地未造成人員傷亡。

圖 3 赫雪爾的「七英呎望遠鏡」

　　一七七八年，赫雪爾的家庭作坊製作出了一架直徑六・二英吋、焦距七英呎的反射望遠鏡。這架望遠鏡在天文史上有著重要的意義，被後世稱為「七英呎望遠鏡」（圖 3）。後來的檢驗表明，赫雪爾這架「七英呎望遠鏡」的性能全面超越了當時英國格林威治（Greenwich）皇家天文台的望遠鏡。赫雪爾用自己的雙手製造出了當時全世界最頂尖的觀測設備，為自

己的天文觀測之路邁出了無比堅實的第一步。終其一生，赫雪爾孜孜不倦地建造著更大的望遠鏡，一次再次地刷新著自己——從而也是整個天文學界——的紀錄，他在這一領域的優勢不僅在其有生之年從未被反超過，甚至在去世之後仍保持了很長時間。

　　三年後的一個春季的夜晚，一顆略帶圓面的星星出現在了赫雪爾那架「七英呎望遠鏡」的視野裡，他一生最偉大的發現來臨了。

[1] 赫雪爾出生時的名字是 Friedrich Wilhelm Herschel，後來所用的名字 Frederick William Herschel 是他移居英國後入鄉隨俗而改的。確切地講，為了與後文用卡洛琳（Caroline）稱呼他妹妹 Caroline Herschel，以及用亞歷山大（Alexander）稱呼他弟弟 Alexander Herschel 相平行，我們應該稱他為威廉（William）。不過由於他是科學史上的著名人物，對這樣的人物，人們習慣於用姓而不是名來稱呼，就像我們一般不用艾薩克（Isaac）和亞伯特（Albert）來稱呼牛頓（Isaac Newton）和愛因斯坦（Albert Einstein）一樣。

[2] 在此之前，赫雪爾曾在英國逗留過大約九個月，較好地掌握了英語。

[3] 卡洛琳自己後來也成為了一位天文學家，她在尋找彗星方面有不俗的成就，總共發現了八顆彗星。

[4] 值得注意的是，伽利略在其早期著作《星際使者》（The Starry Messenger）的開篇曾以第三人稱的口吻將望遠鏡說成是自己的發明（不過他在正文中提到自己在製作望遠鏡之前聽說過他人製作望遠鏡的消息）。由於這段文字的影響，伽利略曾被一些人視為是望遠鏡的發明者，這一說法如今已被否定。不過平心而論，伽利略在改進望遠鏡方面所做的貢獻是巨大的，不僅大大提高了放大率，而且據說是他首先解決瞭望遠鏡成像的上下倒置問題。另外，他在製作自己的望遠鏡之前只是聽說過有關望遠鏡的消息，而未見過實物。因此將伽利略視為望遠鏡的發明者之一也並不過分。

[5] 反射望遠鏡的設計在牛頓之前就已存在，但牛頓最早製作出了具有實用價值的反射望遠鏡。牛頓的製作水平之高，使倫敦的工匠們在幾年之後都沒有能力加以效仿。

Chapter 03
巡天偶得

　　天文觀測在外人看來也許是一項很浪漫的事業，但實際上雖不乏浪漫，卻也充滿了艱辛。即便擁有高質量的望遠鏡，一項天文發現的背後也往往凝聚著天文學家長年累月的心血。赫雪爾不僅在製作望遠鏡上走在了同時代人的前面，在天文觀測上也有著常人難以企及的細心和熱忱。他一生僅巡天觀測就進行了四次之多，每一次都對觀測到的天體進行了系統而全面的記錄。其中最早的一次是透過一架口徑四‧五英吋的反射望遠鏡進行的，涵蓋的是所有視星等亮於四的天體[1]。由於視星等亮於四的天體用肉眼都清晰可見，這樣的觀測對於他精心製作的望遠鏡來說無疑只是牛刀小試。而且，這類天體既然用肉眼就能看見，從中做出任何重大發現的可能性顯然都是微乎其微的。用功利的眼光來看，這樣的巡天觀測幾乎是在浪費時間，但對赫雪爾來說，天文觀測的樂趣遠遠超越了任何功利的目的。從這樣一次注定不可能有重大發現的巡天觀測開始自己的觀測生涯，極好地體現了赫雪爾在天文觀測上扎實、沉穩、嚴謹、系統的風格。除了這種極具專業色彩的風特別，赫雪爾對天文觀測的酷愛程度也是非常罕見的。他對觀測的沉醉，實已達到了廢寢忘食的境界。在他從事觀測時，食物常常是卡洛琳用勺子一小口一小口地餵進他的嘴裡，而睡覺則往往要托壞天氣的福。正是這樣的專業風格與忘我熱忱的完美結合，最終成就了天文觀測史上的一次偉大發現。

　　幾年下來，赫雪爾以及他所製造的望遠鏡在英國學術圈裡漸漸有了一些知名度。「七英呎望遠鏡」製作完成後，赫雪爾開始用這架舉世無雙的望遠鏡進行自己的第二次巡天觀測，這次巡天觀測的目的之一是尋找雙星（赫雪爾一生共找到過八百多對雙星，是研究雙星的先驅者之一），所涵蓋的最暗天體的表觀亮度約為八等，相當於上次巡天觀測所涉及的最暗天體表觀亮度的四十分之一，或肉眼所能看到的最暗天體表觀亮度的六分之一。顯然，這次巡天觀測所涉及的天體數量比上一次大得多，工作量也大得多。

　　一七八一年三月十三日夜晚十點到十一點之間，赫雪爾的望遠鏡指向

了位於金牛座（Taurus）―「角」（ζ星）與雙子座（Gemini）―「腳」（η星）之間的一小片天區。在望遠鏡的視野裡，一個視星等在六左右，略帶圓面的新天體引起了赫雪爾的注意。那會是一個什麼天體呢？由於恒星是不會在望遠鏡裡留下圓面的，因此這一天體不像是恒星。為了證實這一點，赫雪爾更換瞭望遠鏡的鏡片，將放大倍率由巡天觀測所用的兩百二十七倍增加到四百六十倍，爾後又進一步增加到九百三十二倍，結果發現這個天體的線度按比例地放大了。（請讀者思考一下，赫雪爾既然有放大率更高的鏡片，在巡天觀測時為什麼不用？）毫無疑問，這樣的天體絕不可能是恒星，恒星哪怕在更大的放大倍率下也只會是一個亮點，而不會呈現出圓面。那麼，它究竟是一個什麼天體呢？赫雪爾認為答案有可能是星雲狀物體，也有可能是彗星。但就在他試圖一探究竟的時候，巴斯的天公卻不作美，一連幾天都不適合天文觀測，赫雪爾苦等了四天才等來了再次觀測這一天體的機會，這時他發現該天體的位置與四天前的記錄相比，有了細微的移動。由於星雲狀物體和恒星一樣是不運動的，因此這一發現排除了該天體為星雲狀物體的可能性。於是赫雪爾的選項只剩下了一個，那就是彗星，他正式宣布自己發現了一顆新的「彗星」。

　　發現新彗星雖然算不上是很重大的天文發現，但每顆新彗星的發現都能為天文學家們新增一個研究軌道的對象，而這在當時正是很多人感興趣的事情。因此天文學家們一得知赫雪爾發現新「彗星」的消息，便立即對新「彗星」展開了觀測。令人奇怪的是，這顆新「彗星」並沒有像其他彗星那樣拖著長長的尾巴。用後人的眼光來看，或許很難理解如此顯著的疑點為何沒有讓赫雪爾意識到自己所發現的其實不是彗星，而是一顆新的行星。但在當時，「新行星」這一概念對很多人來説幾乎是一個思維上的盲點。不過科學家畢竟是科學家，他們是不會始終沉陷在盲點裡漠視證據的。赫雪爾的發現公布之後，英國皇家學會的天文學家馬斯克林（Nevil Maskelyne）在對該「彗星」進行了幾個夜晚的跟蹤觀測之後，率先猜測它有可能是一顆新的行星，因為它不僅沒有彗星的尾巴，連軌道也迥異於

彗星。當然，憑藉短短幾個夜晚的觀測，馬斯克林只能對新天體的軌道進行很粗略的推斷。幾個月之後，隨著觀測數據的積累，瑞典天文學家萊克塞爾（Anders Johan Lexell）、法國科學家薩隆（Bochart de Saron），以及法國天體力學大師拉普拉斯彼此獨立地從數學上論證了新天體的軌道接近於圓形，從而與接近拋物線的彗星軌道截然不同。與此同時，赫雪爾本人也藉助自己無與倫比的望遠鏡優勢對新天體的大小進行了估計，結果發現其直徑約為五萬四千七百公里，是地球直徑的四倍多 [2]。顯然，在近圓形軌道上運動的如此巨大的天體只能是行星，而絕不可能是彗星。因此到了一七八一年的秋天，天文學界已普遍認為赫雪爾發現的是太陽系的第七大行星。這顆行星比水星、金星、地球和火星都大得多，甚至比它們加在一起還要大得多，它繞太陽公轉的軌道半徑約為三十億公里，相當於土星軌道半徑的兩倍，或地球軌道半徑的二十倍。

幾千年來，人類所認識的太陽系的疆界終於第一次得到了擴展 [3]。

赫雪爾的偉大發現立即被英國天文學界引為驕傲，赫雪爾本人也因此而獲得了巨大的榮譽。一七八一年十一月，英國皇家學會將自己的最高獎——科普利獎章（Copley Medal）授予了赫雪爾，並接納他為皇家天文學會的成員。赫雪爾從此成為了職業天文學家。為了讓赫雪爾有充裕的財力從事研究，皇家學會免除了他的會費。不僅如此，英王喬治三世還特意為他提供了津貼，並親自接見了他。後來喬治三世乾脆請赫雪爾遷居到溫莎堡（Windsor Castle）附近，以便能讓他時常向皇室成員講解星空知識。作為回報，赫雪爾在皇家學會的提示下寫了一封感謝信，盛讚喬治三世對他的慷慨資助，並提議將新行星命名為「喬治星」（Georgian Planet）。雖然在新天體的命名中發現者通常享有優先權，但像「喬治星」這樣一個富有政治意味的名字還是立即遭到了英國以外幾乎所有天文學家的一致反對。赫雪爾本人也私下承認，這個名字是不可能被普遍接受的。在新行星的命名競賽中最終勝出的，是德國天文學家波德（Johann Elert Bode），他提議的名稱是烏拉諾斯（Uranus），這是希臘神話中的天空之神，也是

薩圖恩（土星）的父親。這一名稱之所以勝出，是由於它與太陽系其他行星的命名方式具有明顯的傳承關係：在其他行星的命名中，朱庇特（木星）是瑪爾斯（火星）的父親，薩圖恩（土星）是朱庇特（木星）的父親，有這樣一連串「父子關係」為後盾，在土星之外的行星以薩圖恩（土星）的父親烏拉諾斯來命名無疑是順理成章的 [4]。在中文中，這一行星被稱為天王星。

發現天王星的那年赫雪爾已經四十二歲，一生的旅途已經走過了一半。在後半生裡，他放棄了音樂生涯，將全部的精力都投注在了星空裡，孜孜不倦地繼續自己的天文事業，並且作出了卓越的貢獻。除發現天王星外，他還分別發現了土星及天王星的兩顆衛星 [5]。他在恒星天文學、雙星系統及銀河系結構等領域的研究都具有奠基意義。他所繪製的星圖遠比以往的任何同類星圖都更全面，同時他還是最早發現紅外輻射的科學家。

一八二二年八月二十五日，赫雪爾在自己工作了幾十年的觀星樓裡離開了人世。他的一生只差三個月就滿八十四歲，只差四個月就是他所發現的天王星繞太陽公轉一圈的時間。

[1] 視星等是描述天體表觀亮度的參數，視星等越低，天體的表觀亮度就越高。具體地講，一
    等星的表觀亮度是六等星的一百倍。（請讀者從中推算一下，視星等每降低一等，表觀亮
    度會增加多少？）正常的肉眼在最佳觀測條件下所能看到的最暗天體的視星等約為六等。
[2] 赫雪爾得到的這一數值略大於現代觀測值，後者為赤道直徑五萬一千一百一十八公里，兩
    極直徑四萬九千九百四十六公里。
[3] 這裡我們沒有把質量微不足道的彗星計算在內。
[4] 在新行星的命名基本得到公認之後，一些英國天文學家仍固執地延用著「喬治星」這一名
    稱，直至十九世紀中葉。
[5] 赫雪爾晚年曾認為自己還發現了天王星的另外四顆衛星，但那些「發現」後來要麼被證實
    是錯誤的，要麼因存在明顯的疑點而未得到公認。

Chapter 04
命運弄人

　　聽完了發現天王星的故事，有讀者也許會提出這樣一個問題，那就是天王星為什麼沒有更早地被人們發現呢？我們前面提到過，天王星的視星等在六左右，事實上，在最亮時它的視星等甚至可以達到五‧五。（請讀者想一想，什麼情況下天王星看起來會最亮？）這樣的亮度連肉眼都有可能勉強看到，卻為何沒有更早地就被人們發現呢？赫雪爾之前的天文學家們雖然沒有像「七英呎望遠鏡」那樣出色的望遠鏡，但他們的望遠鏡用來觀測像天王星這樣一個原則上連肉眼都有可能看到的天體卻是綽綽有餘的。自伽利略之後的那麼多年裡，那麼多的天文學家在那麼多個晴朗的夜晚仰望蒼穹，卻為何會將發現新行星的偉大榮譽留到一七八一年呢？

　　我們在前面的敘述中已經知道，赫雪爾發現天王星的過程並不是一個有意尋找新行星的過程，甚至在發現天王星之後他還一度將之視為彗星。這一切都表明天王星的發現帶有一定的偶然性，是一個「無心插柳」的過程。與赫雪爾同時代的一些天文學家曾因此而將赫雪爾對天王星的發現視為是好運氣之下的偶然發現。赫雪爾的一生對榮譽大體是看得比較淡的，但他對這種將他發現天王星的過程視為偶然的說法還是明確表示了反對。他寫下了這樣的文字：

　　　　我對天空中的每顆星星都進行了有規律的排查，不僅包括（像天王星）那樣亮度的，還包括許多暗淡得多的，它（天王星）只不過是恰好在那個夜晚被發現。我一直就在逐漸品讀大自然所寫的偉大著作，如今恰好讀到了包含第七顆行星的那一頁。假如有什麼事情妨礙了那個夜晚，我必定會在下個夜晚發現它。我望遠鏡的高品質使得我一看到它便能感覺出它那可以分辨的行星圓面。赫雪爾的這段文字不僅為自己發現天王星的必然性做了注解，而且也很好地說明了為什麼在他之前那麼多的天文學家都一直沒有發現天王星。要知道，看到一顆暗淡的新行星雖然困難，但比這困難得多的則是要判斷出它是行星而不是恒星。天王星被發現之後，人們對歷史上的天文記錄進行了

重新排查，結果發現天王星在赫雪爾之前起碼已被記錄了二十二次之多，其中最早的一次可以追溯到一六九〇年，比赫雪爾早了將近一個世紀。可惜留下這二十二次記錄的天文學家們無一例外地與發現天王星的偉大榮譽擦肩而過。之所以會如此，是因為其中沒有一位意識到自己觀測到的不是恒星，而是行星。我們知道，在氣象條件良好的夜晚，單憑肉眼就可以看到數以千計的星星，藉助小型望遠鏡的幫助所能看到的天體數量更是多達數十萬，這其中絕大多數都是恒星，任何人都不可能，也絕無必要對它們一一進行跟蹤觀測。因此，除非意識到或懷疑到自己所觀測的有可能不是恒星，天文學家們通常是不會隨意對一個天體進行跟蹤觀測的，而如果不進行跟蹤觀測，就無法發現行星的運動，從而也就失去了從運動方式上辨別行星的機會。

那麼赫雪爾為什麼會想到要對天王星進行跟蹤觀測呢？正是因為他意識到了自己所觀測的有可能不是恒星。如我們在第三章中所介紹的，赫雪爾在發現天王星的過程中換用了幾種不同的鏡片，放大率從兩百二十七倍增加到九百三十二倍[1]，從而不僅發現了天王星的圓面，而且還發現其線度隨放大率的增加而增加。因此他在靜態條件下就發現了天王星與恒星的區別。這是歷史上所有與天王星擦肩而過的天文學家們從未有過的優勢。以英國的天文學家為例，當時英國皇家天文台最好的望遠鏡的放大率也只有兩百七十倍。赫雪爾擁有如此巨大的設備優勢，他成為發現天王星的第一人也就絕非偶然了。而最終使這一偉大發現成為必然的，是赫雪爾所進行的巡天觀測。這樣的巡天觀測正是赫雪爾所說的「品讀大自然所寫的偉大著作」，在這樣周密而系統的「品讀」中，一顆像天王星那樣的六等星的落網是必然的。

不過，命運有時會跟人開殘酷的玩笑。在赫雪爾之前曾經記錄過天王星的所有天文學家中，最令人惋惜的是一位法國天文學家，他叫拉莫尼亞（Pierre Charles Le Monnier）。自一七五〇年之後，他先後十二次記錄了天

王星的位置。其中從一七六八年十二月二十八日到一七六九年一月二十三日的短短二十幾天裡，他不知出於何種考慮，竟然八次記錄了天王星的位置。照理說，這樣密集的記錄是足以顯示天王星的行星運動的。但是命運女神卻向可憐的拉莫尼亞開了一個最最殘酷的玩笑。我們知道，由於地球本身在繞太陽運動，我們在地球上觀測到的行星在背景星空中的運動實際上是它們相對於地球的表面運動。對於像天王星這樣軌道位於地球公轉軌道之外，從而軌道運動速度低於地球軌道運動速度的行星來說，它的表觀運動方向有時會與實際的公轉方向相反。這就好比當我們坐在一輛正在行駛的車裡觀測其他車輛時，如果我們自己的車速比較快，就會看到一些與我們同向行駛的車輛相對於我們在倒退。在天文學上，這樣的表觀運動被稱為表觀逆行（圖 4）。表觀逆行在行星的表觀運動中只占一小部分。在行星從表觀逆行轉入正向運動的過程中，會有一小段時間看上去是幾乎不動的。這就好比一輛倒行的汽車在轉為正向行車的過程中，會有一小段時間看上去速度為零。拉莫尼亞萬萬沒有想到的是，他那八次密集記錄竟然恰好是在天王星從表觀逆行運動轉為正向運動的那一小段時間附近，那時候的天王星相對於背景星空幾乎恰好是看起來不動的[2]！如果說赫雪爾成為天王星的發現者有什麼偶然性的話，這也許就是最大的偶然性。

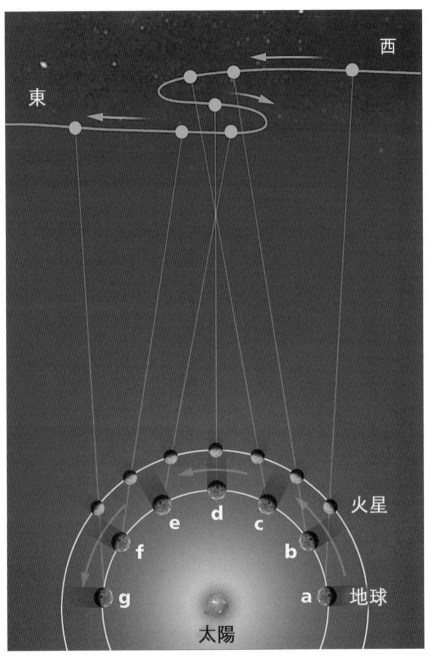

圖 4 行星的表觀逆行

[1] 這還不是赫雪爾當時擁有的最高放大率，後者高達兩千零一十倍，比英國皇家天文台最好的望遠鏡高出將近一個數量級，一度讓他的同時代人覺得匪夷所思，有人甚至懷疑那是胡吹。為了平息懷疑，赫雪爾應邀將自己的望遠鏡帶到皇家天文台與那裡的望遠鏡進行了比較。比較的結果是赫雪爾當之無愧地坐上了當時望遠鏡製作的頭把交椅。在比較的過程中最有戲劇性的是馬斯克林（即那位最早猜測天王星是行星的天文學家）的反應。他在剛看到「七英吋望遠鏡」時對它的鏡架很感興趣，打算為自己的望遠鏡也配備一個，但在比較了兩架望遠鏡的性能後，卻沮喪地承認自己的望遠鏡也許根本就不配擁有一個好的鏡架。

[2] 拉莫尼亞的性格比較暴躁，人緣也不好，被普遍視為是一位不細心的觀測者，這一點曾被認為是他未能發現天王星的原因。不過有關他「不細心」的某些具體傳聞，比如說他將有關天王星的數據隨手寫在一個紙袋上，實際上是訛傳。

Chapter 05
虛席以待

　　一顆自十七世紀末以來就被反覆觀測過的六等星竟會是太陽系的第七大行星，赫雪爾的這一發現不僅一舉擊碎了太陽系行星數目亙古不變的神話，而且激起了人們對尋找太陽系疆界的極大興趣。「新行星」這一概念幾乎在一夜間就從被人遺忘的垃圾股變成了萬眾矚目的績優股，引發了天文學家們極大的熱情。在太陽系中，像天王星這樣「大隱隱朝市」的行星究竟還有多少？人們恨不能立刻就揭開謎底。

　　星海茫茫，到哪裡去尋找新行星呢？難道要像赫雪爾一樣再來一次巡天偶得？幸運的是，太陽系行星的分布就像地球上居民的分布，有一定的規律可循。其中最顯著的規律就是行星軌道大都分布在黃道面（即地球的公轉軌道平面）附近。這表明，尋找新行星不必漫天撒網，而只需在黃道面附近尋找——這就好比在地球上尋找一位居民時，無需掘地三尺，也不必潛入深海。更幸運的是，行星的分布似乎還有著進一步的規律，這規律幫了天文學家們的大忙。

　　這個規律的發現可以回溯到天王星發現之前的一七六六年。那一年，德國天文學家提丟斯（Johann Daniel Titius）注意到：如果以地球公轉軌道的半徑為單位（這稱為天文單位），那麼各大行星的軌道半徑近似地滿足一個非常簡單的數學關係式：

$r_n = 0.4 + 0.3 \times 2^n$，其中：

水星對應於 $n = -\infty$，$r_n = 0.4$（觀測值為 0.4）；

金星對應於 $n = 0$，$r_n = 0.7$（觀測值為 0.7）；

地球對應於 $n = 1$，$r_n = 1.0$（觀測值為 1.0）；

火星對應於 $n = 2$，$r_n = 1.6$（觀測值為 1.5）；

木星對應於 $n = 4$，$r_n = 5.2$（觀測值為 5.2）；

土星對應於 $n = 5$，$r_n = 10.0$（觀測值為 9.5）。

這個經驗法則除了對火星和土星有百分之五～百分之七的偏差外，對其他幾個行星都很準確[1]。提丟斯將這一結果加注在了自己一七六六年翻譯的瑞士博物學家波涅特（Charles Bonnet）的著作《自然的沉思》中，但在加注時未曾標明自己的名字[2]。

德國天文學家
提丟斯（1729～1796）

提丟斯匿名加注的這些結果起初並未引起人們注意。但六年後的一七七二年，德國天文學家波德，即我們在第三章中提到的那位後來在天王星的命名競賽中勝出的波德，在為自己的熱門著作《星空知識指南》準備新版時，注意到了提丟斯加注在《自然的沉思》中的經驗法則。他立刻被這一法則所吸引，將之添加到了自己的著作中。但很不應該的是，波德在添加這些內容時完全沒有提及波涅特或提丟斯的名字。不提提丟斯倒也罷了，因為提丟斯在加注那些內容時是匿名的，可是連波涅特的名字也不提，波德在這件事情上是有顯著的剽竊之嫌的。

波德的《星空知識指南》在當時受到熱烈歡迎，加上波德本人此後幾年的積極宣傳，在客觀上大力傳播了提丟斯的經驗法則，使波德這位不太光彩的「熱心人」成了這一傳播的最大受益者，這個經驗法則很快就被張冠李戴成了「波德定則」。九年之後，天王星的發現給了波德定則極大的支持，天王星的軌道半徑與波德定則有著極好的吻合，誤差只有百分之二（請讀者自行查驗）。這一點使得許多原本認為波德定則純係巧合的天文學家深受震動，也使波德定則成為後來幾十年間天文學家們尋找新行星的重要嚮導。隨著波德定則重要性的提升，歷史的真相也開始得到了顯現。一七八四年，在「借用」提丟斯的結果整整十二年之後，波德終於承認了

提丟斯的貢獻。但那時生米早已煮成熟飯，波德的名字與提丟斯的定則已變得難捨難分，後世的天文學家們往往折中地將這一定則稱為提丟斯－波德定則。

德國天文學家波德

現在讓我們回到尋找新行星的宏偉大業上來。細心的讀者或許已經從前面列舉的行星軌道數據中看出了一個問題，那就是火星和木星這兩個相鄰行星的軌道在提丟斯－波德定則中分別對應於 n=2 和 n=4，中間在距太陽二‧八天文單位的地方缺了一個 n=3。大自然怎麼會在火星和木星之間留下如此顯著的一個空缺呢？這個問題提丟斯在提出他的定則時就注意到了。這個奇怪的空缺似乎是在虛席以待一顆尚未露面的新行星，但當時天王星尚未被發現，太陽系六大行星的觀念還根深蒂固，提丟斯未敢在太歲頭上動土，於是他猜測那裡可能存在一顆火星或木星的衛星 [3]。這個猜測很大膽，但也很荒唐，且不說如此遠離行星的「衛星」能否穩定存在，即便真有那樣的衛星，又如何能用來填補屬於行星軌道的空缺呢？這不成了「指鹿為馬」嗎？更何況衛星的軌道是以行星為中心的，它與太陽的平均距離與相應的行星與太陽的平均距離相差無幾，從數值上講也根本不可能對應於 n=3 的空缺。波德對這個空缺也很著迷，不過他在這點上比提丟斯略勝一籌，在「借用」提丟斯的結果時，他果斷地將提丟斯那破綻百出的衛星猜測改成了行星猜測。

顯然，如果提丟斯－波德定則可以信賴，那麼尋找新行星的首選戰場就應該是火星與木星之間距太陽二‧八天文單位的這一神祕空缺。相對於遙遠的外行星，這一空缺距離地球可算是近在咫尺，觀測起來也相對容易許多。於是天文學家們紛紛將目光匯聚到了那裡。

在那裡，他們將會發現什麼呢？

[1] 當然，這裡採用的是現代的表述方式，提丟斯本人的表述是這樣的：「將太陽到土星的距離分成一百份，那麼水星與太陽被四個這樣的部分所分隔；金星被 4+3=7 個這樣的部分所分隔；地球被 4+6=10；火星被 4+12=16；……所分隔。」

[2] 直到一七七二年再版後，提丟斯才用一個字母「T」（他的姓氏首字母）標明自己所注的內容。而到了一七八三年，不知是否是出於對波德「借用」其成果的不滿，他又過分慷慨地將自己發現的這一經驗規律歸功給了德國哲學家沃夫（Christian von Wolff），其實沃夫只是曾經列出過行星軌道半徑的相對大小，並未提出或暗示過任何經驗規律。

[3] 提丟斯雖然未敢在太歲頭上動土，不過比提丟斯更大膽的人也是有的。事實上，早在十七世紀末，克卜勒就曾猜測過火星與木星之間存在著行星（他還猜測水星與金星之間也存在行星）。在提丟斯之前大約五年，德國哲學家蘭伯特（Johann Heinrich Lambert）也曾猜測過火星與木星之間有行星。

Chapter 06
失而復得

　　星空的浩渺對於沒有真正體驗過它的人來說是不容易想像的。即便知道了距離，以及大致的軌道平面，即便離地球如此之近，尋找一顆新行星依然不是一件容易的事情，因為行星出現在軌道的哪一段上仍然是未知的。這就好比警察抓捕逃犯，即便知道逃犯一定就在某座城市裡，要想抓住依然不是一件容易的事情，因為逃犯躲在城市的哪個角落仍然是未知的。

　　當時有意在夜空中抓捕「逃犯」的「警察」還真不少，其中有位叫做扎克（Franz Xaver von Zach）的匈牙利人尤為熱心。他曾經拜訪過赫雪爾，並從此對尋找新行星產生了濃厚興趣。自一七八七年以來，扎克花了整整十三年的時間試圖尋找位於火星與木星之間的新行星，卻一無所獲。眼看著「逃犯」將要安然度過十八世紀，扎克意識到單槍匹馬抓捕「逃犯」的效率實在太低，便決定改變策略。他找了幾位運氣跟他差不多壞的夥伴商議了一下，決定將新行星的軌道區域分為二十四塊，分別交由二十四位「天空警察」進行分區搜索。布下這樣的天羅地網，無論狡猾的「逃犯」躲在哪個角落都將會難以遁形。老實說，這個分區負責的金點子並非扎克的首創，而是以前就有人提議過，只不過從未付諸實施。

　　出人意料的是，正當扎克廣發英雄帖給歐洲各地的天文學家，抓捕計劃已如箭在弦的時候，從義大利的西西里島（Sicily）忽然傳來了「逃犯」落網的消息！勇擒「逃犯」的是一位單槍匹馬的「明星警察」，名叫皮亞奇（Giuseppe Piazzi），他當時從事的工作並不是「抓逃犯」，而是「查戶口」——為六千七百多顆星星確定座標。這是一項枯燥而繁重的工作，為了完成這項工作，皮亞奇一片一片有規律地巡視著星空，在這點上他很像當年的赫雪爾。他這苦力活一做就是十一年。一八〇一年一月一日，新世紀來

義大利天文學家
皮亞奇（1746～1826）

臨後的第一天，皮亞奇的望遠鏡指向了金牛座。這個星座真是天文學家們的幸運星座，二十年前赫雪爾就是在這附近發現了天王星，而此刻「戶籍警察」皮亞奇也在這裡迎來了自己一生的一個重要時刻。他對這一小片天區中的五十顆星星的座標進行了記錄，第二天，當他對這些星星進行覆核時，發現其中有一顆暗淡星體的位置發生了移動！為了確定這種移動不是觀測誤差，皮亞奇立即對這一天體進行了跟蹤觀測，結果證實了這種移動的確是天體本身的移動。

一月二十四日，皮亞奇寫信向同事波德、拉蘭德（Joseph Lalande）及摯友奧里安尼（Barnaba Oriani）宣布了自己的發現。為了謹慎起見，他在寫給波德和拉蘭德的信中將自己發現的天體稱為彗星。毫無疑問，這是一個與赫雪爾將天王星稱為彗星同樣的錯誤。不過在經歷了天王星的發現後，皮亞奇比赫雪爾要稍稍大膽一點，他在給摯友奧里安尼的信中指出這個天體有可能是一個「比彗星更好」的東西，因為它的運動緩慢而均勻，並且不像彗星那樣朦朧。為了最終確定這個天體的性質，皮亞奇決定進行更多的觀測，並計算它的軌道。可惜他的觀測只進行到二月十一日就因病中止了。而這時波德、拉蘭德及奧里安尼尚未收到他的信件。等那三位收到姍姍來遲的信件，想要確認皮亞奇的觀測結果時，新天體已經運動到了太陽附近，消失在了光天化日之中。

雖然失去了當場驗證的機會，但波德（他直到三月二十日才收到皮亞奇的信）堅信那就是自己期待已久的新行星。當然，相信歸相信，最終的判斷只能留給觀測。好在新天體是不可能一輩子躲在太陽背後的，至多幾個月，它必將重返夜空。可問題是：那時候到哪裡去找回這顆暗淡的新天體呢？事實證明，這個問題並非杞人憂天，這顆「越獄逃亡」的新天體並沒有因為留下過案底就變得容易尋找。日子一天天流淌著，無論天文學家們如何努力，皮亞奇的新天體卻再也沒有露面。

有讀者可能會問：皮亞奇不是對新天體進行了跟蹤觀測嗎？從他的觀測數據中把新天體的軌道計算出來不就行了？這個想法是一點都不錯的，

可實際做起來卻絕非易事。在新天體失蹤的那些日子裡，扎克（他也深信皮亞奇的新天體就是自己想要尋找的新行星）的學生伯克哈特（Johann Karl Burckhardt）就曾對新天體的軌道進行了計算。按照他的計算，天文學家們採取了突擊搜查，可惜卻撲了個空。皮亞奇自己也進行過計算，結果也勞而無功。計算新天體的軌道之所以困難，是因為皮亞奇的觀測只持續了一個多月，所涵蓋的只是新天體公轉週期的百分之二左右，而且其中還很不湊巧地包含了表觀逆行部分，使結果變得更為複雜。要從這樣的觀測片段中推算出整個軌道來，無疑是很困難的。更何況觀測總是有誤差，從這麼少的觀測數據來推斷軌道極易造成誤差的放大。最後，我們也不能忘記當時還沒有電腦，所有的計算都要依靠紙和筆來完成，這樣的計算動輒就要花費很長的時間，有時甚至還不如拿起望遠鏡直接碰運氣來得快捷。因此，推斷新天體的軌道，從而預測新天體的位置雖然不是不可能，但卻需要福爾摩斯般的技巧，只有第一流的數學高手才能將這種可能性變為現實。

幸運的是，當時就有一位這樣的數學高手前來助人為樂。此人還不是一般的高手，他就是人類有史以來最偉大的數學天才之一，被後人尊稱為「數學王子」的德國數學家高斯（Carl Friedrich Gauss）。

當天文學家們為尋找皮亞奇的新天體而忙碌時，這位當時才二十四歲的數學天才決定助他們一臂之力。在這個節骨眼上，由高斯這樣的數學巨匠（雖然當時的高斯還不像後來那麼有名）來幫天文學家們計算一個小小的天體軌道，簡直就像是搖滾巨星跑來替一家小酒館義演。高斯僅用兩個月的時間，就不僅計算出了新天體的軌道，而且提出了比舊方法高明得多的一整套計算軌道的新方法[1]。高斯把他的計算結果寄給了扎克，後者欣喜若狂，立即公諸於世。藉助高斯的計算結果，扎克於一八〇一年十二月七日重新找到了皮亞奇的新天體。經過持續觀測，他終於在一八〇二年的新年鐘聲即將敲響的那個夜晚確認了新天體的二度落網，它的位置與高斯的預測只差半度。幾個小時之後，德國業餘天文學家奧伯斯（Heinrich

Wilhelm Olbers）也獨立地確認了同樣的發現。這顆在一八〇一年的第一個夜晚被「抓獲」，又在同一年的最後一個夜晚被重新「捉拿歸案」的新天體被稱為色列斯（Ceres）（圖5）。這是皮亞奇所取的名字，它是羅馬神話中的穀物女神，同時也是皮亞奇所在的西西里島的保護神。在中文中這一天體被稱為穀神星[2]。

圖 5 哈勃望遠鏡拍攝的穀神星

高斯的計算相當精確地給出了穀神星的軌道，它的半徑被確定為二·七七天文單位，與提丟斯 - 波德定則吻合得很好（誤差只有百分之一）。看來人們終於找到了位於火星與木星之間的新行星。事實上，早在穀神星被找回之前，對提丟斯 - 波德定則深信不疑的波德就已急不可耐地將之稱為行星了。不過在欣喜之餘，天文學家們也感到了一絲困惑：穀神星被皮亞奇發現時的視星等只有八，不僅無法與金、木、水、火、土五大行星相比，甚至比遙遠的天王星還暗淡得多。一顆距地球如此之近的行星，為什麼會如此暗淡呢？

[1] 高斯在計算中採用了他自己一七九四至一七九五年間發展起來的，後來被稱為「最小平方法」（least square method）的方法。不過他直到一八〇九年才發表這一方法，從發表時間上講，晚於法國數學家勒讓德（Adrien-Marie Legendre），後者一八〇六年就發表了最小平方法。

[2] 確切地講，Ceres 只是皮亞奇為穀神星所取名字的前半部分，他提議的全名是 Ceres Ferdinandea，其中 Ferdinandea 是當時那不勒斯和西西里的統治者。與赫雪爾當年提議的「喬治星」一樣，Ferdinandea 這個帶有政治意味的名稱也立刻就被天文學家們丟棄了。

Chapter 07
名分之爭

正當人們為穀神星感到困惑的時候，更大的麻煩出現了：一八〇二年三月二十八日——距離穀神星被重新發現僅僅過了三個多月——與扎克幾乎同時找回穀神星的奧伯斯在試圖觀測穀神星的時候，意外地發現了另外一顆移動的星星。這個天體後來被他稱為帕拉斯（Pallas），這是希臘神話中的智慧女神，也叫雅典娜（Athena）。在中文中，這一天體被稱為智神星。

智神星被發現之後，高斯立刻用自己的新方法計算了它的軌道，結果發現它的軌道雖然不太圓，但平均半徑與穀神星幾乎完全一樣，也是二‧七七天文單位。這下麻煩大了，一個軌道區域居然擠進了兩顆行星，這真是前所未聞的怪事，簡直比缺了一顆行星還讓人覺得不可思議。如果說發現穀神星帶給大家的是喜悅，那麼智神星的出現就多少有點令人尷尬了。穀神星的臥榻之側居然有智神星酣然沉睡，這可能嗎？這可以嗎？急性子的波德率先對智神星投下了不信任票，他猜測奧伯斯發現的只是一顆彗星（彗星真可憐，總是被人拿來當替代品）。要說波德的這一懷疑還真是有點厚此薄彼，想當初穀神星尚在「越獄潛逃」期間，他就熱情萬丈地以行星頭銜相贈，而現在智神星只不過晚來了幾個月，就懷疑人家是彗星世界的「奸細」。

這時候行星觀測的元老級人物赫雪爾出來放話了，他說，依我看這兩個天體誰也沒資格當行星，因為它們都太小了，只能稱為小行星（asteroid）[1]。在人們大都期盼新行星的時候，赫雪爾說出這樣的話來多少有些掃大家的興，但以他的身份，說話自然不會是信口開河。那麼他的依據何在呢？原來他老人家已經悄悄為這兩個暗淡的小家夥度量了「身材」，結果發現它們的直徑只有兩百多公里。這樣的直徑還不到月球的十分之一，又豈能有資格坐在行星的寶座上？今天我們知道，穀神星的直徑實際有將近一千公里，智神星也有五百多公里，遠遠大於赫雪爾的估計（但仍比月球小得多）（圖6）。不過這倒也不能怪赫雪爾，這兩個天體實在太小，小到了就連他的望遠鏡也無法通過觀測其圓面來判斷大小，而

只能通過間接手段進行估計，從而誤差很大。不過一開始人們所不知道的
是，穀神星的小其實讓赫雪爾吃了一個不大不小的啞巴虧：在穀神星「潛
逃」的那些日子裡，嗜觀測如命的赫雪爾也當仁不讓地加入到了追捕者的
行列，卻也像其他人一樣鎩羽而歸。他之所以失敗，部分原因就是因為他
以為憑藉自己天下無雙的望遠鏡，應該能像發現天王星那樣直接從圓面上
發現穀神星，結果卻陰溝裡翻了船。穀神星即便在他的望遠鏡裡，也依然
保持了苗條的身材，絲毫不顯山露水。究其原因，都是太小惹的禍。

圖 6 地球（右）、月球（左上）、穀神星（左下）大小對比

現在該是它為自己的「小」付出代價的時候了。

但赫雪爾的這一提議卻遭到了很多人的反對。客氣的將之視為文字遊
戲，不客氣的則乾脆認為赫雪爾之所以這樣提議，目的乃是要讓自己發現
天王星的貢獻蓋過皮亞奇和奧伯斯發現穀神星和智神星的貢獻（看來榮譽
有時還真是一種包袱）。也許歸根到底，是人們期待新行星已經期待得太
辛苦，實在不想失去已經被發現的新「行星」。不過皮亞奇和奧伯斯這兩
位發現者本人反倒是沒有介意，他們同意了赫雪爾的觀點（皮亞奇提議用
planetoid 取代 asteroid，但在穀神星和智神星不具有行星資格這點上他並

無異議）。

　　這場早期的行星名分之爭並未持續太久。兩年之後，一八〇四年九月一日，德國天文學家哈丁（Karl Harding）在火星與木星之間又發現了一顆新天體，這顆新天體很快被命名為婚神星（Juno），它的軌道也基本滿足提丟斯 - 波德定則的預期。這下算是熱鬧了，在火星和木星之間搶奪行星寶座的天體由兩個變成了三個。不過熱鬧是熱鬧了，同時卻也成為了最終葬送所有候選者榮登行星寶座機會的導火線。正所謂「三個和尚沒水喝」，沒有新行星雖然令人失望，可新行星太多了卻更讓人受不了，於是大家逐漸同意了赫雪爾的提議，將這幾個小家夥通通貶為了「小行星」[2]。後來的觀測表明，在火星和木星之間存在著成千上萬的小行星，它們環繞太陽組成了一個美麗的小行星帶。

　　不過當時誰也不會想到，某些小行星的名分會在時隔兩個世紀之後又起了微妙的變化，這是後話。

[1] 赫雪爾提出的名稱是「star-like」，意思是「像星星一樣」，形容其小。「asteroid」是這一名稱在希臘文中的對應。

[2] 這一名分之爭的完全落幕其實經歷了一個較長的時間。直到一八五二年，還有天文學教材將當時已發現的小行星與行星合在一起（共計二十三顆），統稱為行星。不過這一趨勢在那之後便戛然而止。

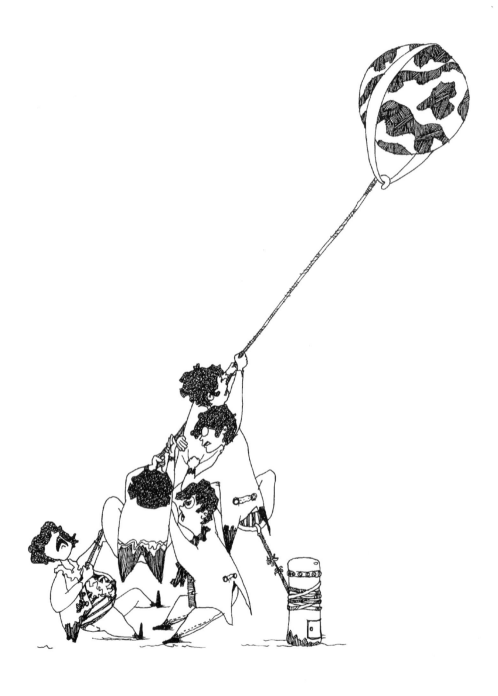

Chapter 08
軌道拉鋸

小行星帶的發現對提丟斯‐波德定則無疑又是一個很大的支持，同時也填補了行星軌道分布中唯一的空缺。如果太陽系還存在其他行星，那麼尋找的範圍應該是在天王星的軌道之外，對應於 n=7 的地方。這一軌道的半徑為三十八‧八天文單位。不過，無論天文學家們對提丟斯‐波德定則的信心如何爆棚，一個再明顯不過的事實是：即便提丟斯‐波德定則真的是一個普遍規律（事實上它並不是），它也絕不可能告訴我們太陽系到底會有幾顆行星。提丟斯‐波德定則中的 n 可以無限增大，太陽系卻不可能是漫無邊際的。小行星帶由於出現在火星和木星之間的空缺上，因此很多人有理由相信在那裡能有所發現。但天王星之外是否存在新的行星，則完全是一個未知數，這使得天文學家們尋找新行星的興趣在經歷了天王星和小行星帶的發現之後有所降溫。

可惜樹欲靜而風不止，老天爺看來並不想讓天文學家們的日子過得太平靜。

天王星被發現之後，擺在天文學家們面前的一個顯而易見的任務就是計算它的軌道。這在當時是很受青睞的工作，這項工作幾乎立刻就展開了。如我們在第三章中所說，在短短幾個月內，薩隆、萊克塞爾和拉普拉斯就各自計算出了天王星的近似圓軌道，這對於確定天王星的行星地位起了重要作用。兩年後，拉普拉斯和他的法國同事梅尚（Pierre Méchain）又率先計算出了天王星的橢圓軌道。

計算出了軌道，人們就可以預言天王星在每個夜晚的位置。一顆遙遠行星在天空中的舞步居然可以用科學家手中的紙和筆來導演，這是牛頓力學最令人心醉的地方，也一直是天文學家們在艱苦計算之餘最大的欣慰和享受，那種愜意的感覺，宛如是在勞作之後品嚐一壇醇香四溢的美酒。不幸的是，這美酒在天王星這裡卻變了味。當天文學家們放下手中的紙和筆，將望遠鏡指向理論預言過的位置，打算像往常一樣欣賞一次理論與觀測的完美契合時，這位太陽系的新成員卻出人意料地缺席了。

天王星的缺席讓天文學家們感到了一絲意外。但他們沒有想到的是，這小小的意外竟是他們與天王星之間一場長達數十年的拉鋸戰的開始。

天文學家們起先並未對天王星的缺席太過擔憂，因為天王星的軌道週期長達八十四年，而當時積累的觀測數據只有區區兩年，還不到軌道週期的百分之三，憑藉這麼少的數據是很難進行精確計算的。那麼怎樣才能改善計算的精度呢？顯然需要更多的數據。可積累數據需要時間，這卻是半點也著急不得的。

怎麼辦呢？波德想出了一個好主意，那就是翻舊帳，看看天王星是否在赫雪爾之前就曾經被天文學家們記錄過。如果記錄過，那麼將那些歷史記錄與自赫雪爾以來的現代數據合併在一起，就可以既提高計算的精度，又避免漫長的等待。這個一舉兩得的好主意沒有讓波德失望，如我們在第四章中所說，天王星的確在赫雪爾之前就曾被反覆記錄過，其中最早的記錄是英國天文學家佛蘭斯蒂德（John Flamsteed）留下的，時間是一六九〇年，比赫雪爾早了九十一年。

在歷史記錄與現代數據的共同幫助下，奧地利天文學家菲克斯米爾納（Alexander Fixlmillner）率先對天王星軌道作了重新計算，他的計算包含了一六九〇年佛蘭斯蒂德的記錄、一七五六年梅耶（Tobias Mayer，德國天文學家）的記錄，以及一七八一年至一七八三年間赫雪爾和他自己的觀測數據。他的計算與觀測數據之間的誤差只有幾角秒 [1]，這在當時是很不錯的結果。一七八六年，菲克斯米爾納發表了他的結果。在天文學家們與天王星的軌

英國天文學家
佛蘭斯蒂德（1646～1719）

道拉鋸戰中，菲克斯米爾納為天文學家們拔得了頭籌。

可惜好景不長，菲克斯米爾納的計算發表後才過了兩年，天王星就扳回了一城——它偏離了菲克斯米爾納的軌道。心有不甘的菲克斯米爾納盡了最大的努力試圖挽救自己的計算，卻沮喪地發現歷史記錄與最新的觀測數據彷彿變成了一付蹺蹺板的兩個端點，一端壓下去，另一端就會蹺起來。看來魚和熊掌已無法兼得，菲克斯米爾納決定捨魚而取熊掌，他做了一個在他看來最合理的選擇，那就是拋棄年代最為久遠的佛蘭斯蒂德的觀測記錄。做出了這種「壯士斷腕」的行動後，菲克斯米爾納再次計算了天王星的軌道，總算重新將誤差控制在了十角秒以內。

但人們對菲克斯米爾納的選擇並不滿意，因為被他拋棄的佛蘭斯蒂德的記錄雖然年代久遠，觀測手段相對簡陋，但信譽卻絲毫不容低估。佛蘭斯蒂德是格林威治天文台的奠基者，也是英國第一位皇家天文學家，不僅擁有顯赫的頭銜，而且素以觀測細心著稱。他當年曾為牛頓的巨著《自然哲學的數學原理》提供過大量的觀測數據[2]，他所繪製的星圖不僅在當時無與倫比，甚至在一個世紀之後仍被奉為經典。在赫雪爾進行天文觀測時，放在他桌上作為參考的正是佛蘭斯蒂德的星圖。因此拋棄佛蘭斯蒂德的記錄於情於理都很不妥當，菲克斯米爾納的新計算能否算是勝利，實在很難論斷。

如果不拋棄佛蘭斯蒂德的記錄，蹺蹺板卻又擺不平，這該如何是好呢？簡單的邏輯告訴我們，在觀測與理論出現矛盾時，如果觀測沒有問題，那問題就應該出在理論上。當時的理論確實有一個致命的弱點，那就是只考慮了太陽的引力，而沒有考慮其他行星的影響，這其中尤以木星和土星的影響最不容忽視。一七九一年，法國天文學家達蘭伯利（Jean Baptiste Joseph Delambre）率先考慮了這兩顆巨行星對天王星軌道的影響。

他的計算很好地擬合了當時已知的所有觀測數據，其中包括被菲克斯米爾納拋棄過的佛蘭斯蒂德的數據，以及不久前才被發現的拉莫尼亞的早期觀測數據。

在木星和土星這兩位老大哥的坐鎮之
下，天王星的氣焰終於被打壓了下去，天
文學家們重新奪回了陣地，太陽系也重新
恢復了往日的循規蹈矩[3]。這一「和諧太陽
系」維持了較長的時間，直到一七九八年英
國天文學家霍恩斯比（Thomas Hornsby）
視察戰場時，勝利的果實還在枝頭掛著。
可就在人們以為戰爭已然落幕，刀槍可以
入庫的時候，天王星這個注定不肯讓天文
學家們平靜過完十八世紀的傢伙，卻將槍
口重新探出了大幕！

法國天文學家
達蘭伯利（1749～1822）

自一八○○年（十八世紀的最後一年）起，天王星的軌道開始系統性
地偏離達蘭伯利的計算。

沉默了八年的天王星不鳴則已，一鳴驚人，而天文學家們的手中卻已
無牌可打，只得倉皇退避。

這一退堪稱慘敗，整整二十年沒緩過
神來。直到一八二○年，才有一位叫做波
瓦德（Alexis Bouvard）的法國天文學家
站出來絕地反擊。這二十年裡天文學家們
倒也沒閒著，現代數據增加了二十年自不
用說，手頭的歷史記錄也增添了兩項：一
項是新發現的佛蘭斯蒂德在一七一二年至
一七一五年間的觀測記錄，這項記錄很好
地填補了佛蘭斯蒂德一六九○年的記錄與
拉莫尼亞一七五○年的記錄之間原本長達
六十年的數據空白；另一項則是英國天文學
家布萊德利（James Bradley）一七五三年的觀測記錄。這時天文學家手中

法國天文學家
波瓦德（1767～1843）

的數據早已不再匱乏，不僅不匱乏，反而多到了能噎死人的程度。波瓦德稍加檢視，就發現自己面臨的局面與三十年前菲克斯米爾納曾經面臨過的有著驚人的相似：那就是歷史記錄與現代數據無論如何也不能匹配。三十年前的局面還有木星和土星來解圍，三十年後的今天還能依靠什麼呢？無奈之下，波瓦德只得效仿菲克斯米爾納的「壯士斷腕」。可如今的局面比三十年前還要糟糕，連斷腕都不夠，得斷臂——將赫雪爾之前的所有歷史記錄一筆勾銷——才行。就這樣，波瓦德靠著「壯士斷臂」的悲壯，於一八二一年計算出了一個新軌道，這個軌道與自赫雪爾以來的新數據勉強吻合。

這樣的反擊能算是成功嗎？恐怕連慘勝都算不上吧？人們還從未在一顆行星的軌道計算上栽過如此多、如此大的跟斗。而且這次付出的代價也實在太大了一點，居然把凝聚了那麼多天文學家心血的所有歷史記錄都丟棄了。即便如此，波瓦德的軌道與某些現代數據的偏差也仍然高達十角秒左右，這雖不致命，卻也令人疑惑。不過對於自赫雪爾以來的新數據而言，這一軌道畢竟是當時最好的，並且事實上也是唯一一個尚堪使用的軌道，聊勝於無，因此一些天文學家還是勉強接受了它。

光有天文學家的接受是沒有用的，關鍵還得看天王星這位「敵人」是否賞臉。

那麼「敵人」的回答是什麼呢？

---

[1] 角秒是非常小的角度，等於 1 度的 1/3600，或者圓周（360 度）的 1/1296000。

[2] 佛蘭斯蒂德後來與牛頓鬧翻了，此後牛頓利用其至高無上的地位，以種種不甚光彩的手段對佛蘭斯蒂德進行了打擊。

[3] 在這幾年中，天文學家們在人間的日子卻過得很不平靜，在法國大革命最血腥狂熱的一七九四年，最早計算出天王星圓軌道的薩隆死於斷頭台。

Chapter 09
眾說紛紜

在這個節骨眼上「敵人」倒是很沉得住氣，沒有立刻表態。但仗打到這個份上，「敵人」的不置可否反倒讓天文學家們無所適從，幾乎陷入了「窩裡反」。事實上，很多天文學家對波瓦德付出的「斷臂」代價耿耿於懷，因為按照波瓦德的軌道，那些被丟棄的歷史記錄與計算之間的偏差高達幾十角秒[1]。這麼大的偏差居然同時出現在這麼多彼此獨立的觀測結果中，難不成留下歷史記錄的那些天文學家全都在觀測天王星的時候喝了酒？這實在是令人難以置信的事情。就連波瓦德本人也不得不承認，造成歷史記錄與現代數據無法匹配的真正原因有待於後人去發現。

但耿耿於懷也好，難以置信也罷，「敵人」既然沒有反對，天文學家們也不便自己拆自己的台，於是有人開始為波瓦德拋棄歷史記錄的做法尋找可能的解釋。其中有一種解釋認為天王星曾經被某顆彗星「撞了一下腰」，從而偏離了正常的軌道[2]。如果是這樣，那麼歷史記錄與現代數據無法匹配就不再是問題了，因為它們描述的分別是碰撞前和碰撞後的軌道，本來就應該彼此不同。由於歷史記錄一直覆蓋到一七七一年（那是拉莫尼亞的最後一次記錄），而現代數據則開始於一七八一年（那是赫雪爾的第一次觀測），因此人們猜測該撞擊發生在一七七一年至一七八一年間。

但是像彗星撞擊這樣為了特定目的而提出的建立在偶然事件基礎上的假設，是科學家們素來不喜歡的。因為人們若是時常用這類假設來解釋問題的話，科學就會變成一堆零散假設的雜亂集合，而喪失其系統性。更何況彗星撞擊天王星不僅概率實在太小，而且由於彗星的質量與天王星相比簡直就是九牛一毛（事實上比九牛一毛還遠遠不如），即便真的撞上天王星，也萬萬不可能對後者的軌道產生任何可以察覺的變化。反過來說，倘若真有一個天體可以通過撞擊天王星而顯著改變其軌道，那麼該天體的質量必定極其可觀，那樣的撞擊若果真發生在一七七一年至一七八一年間，絕對會是一個令人矚目的天象奇觀，又怎可能不留下任何直接的觀測記錄呢？因此，彗星撞擊說從各方面講都是一個很糟糕的假設。連這樣糟糕的假設都被提了出來，天文學家們在天王星問題上的處境之絕望可見一斑。

更糟糕的是，即便在那樣的處境下，天王星還是毫不手軟地往天文學家們的傷口上撒了一把鹽。自一八二五年起，天王星故伎重演，開始越來越明顯地偏離波瓦德的軌道。幾年之後，兩者的偏差已經達到了令人絕對無法忍受的三十角秒。

「敵人」那姍姍來遲的回答終於被等到了，可惜卻是一個那麼殘酷的回答。

這時候天文學家們實已一敗塗地，而且還敗得極其難看，因為天王星早不出手晚不出手，偏偏是在天文學家們「臂」也斷了，「血」也流了，還煞費苦心地為自己的斷臂找了藉口之後才出手。那情形，怎一個「慘」字得了？當然，到了這時候，人們也已經習慣了，失敗早已不是新聞，天王星若是乖乖聽話了反倒會成為新聞。

屢戰屢敗之下，天文學家們開始改換思路。

仔細想想，彗星撞擊說雖然很失敗，卻也並非一無是處，起碼在思路上，它嘗試了用外力的介入來解釋天王星的出軌之謎。沿著這樣的思路，天文學家們又提出了另外一些假設，比如認為天王星的出軌是由某種星際介質的阻尼作用造成的。這種假設以前曾被用來解釋某些彗星的軌道變化，但用它來解釋天王星的出軌卻面臨一個致命的困難，那就是介質的阻尼作用只能阻礙天王星的運動，而絕不可能造成相反的作用。說白了，就是只能讓天王星運動得更慢，而絕不可能相反。但不幸的是，天王星的運動卻有時比理論計算的慢，有時卻比理論計算的快，這樣的偏差顯然是不可能用介質的阻尼作用來解釋的。

還有一種假設則認為天王星出軌是由一顆未知衛星的引力干擾造成的。這種假設也有一個致命的弱點，那就是如果真的存在那樣的衛星，它的質量應該遠比當時已知的兩顆天王星衛星大得多，那麼大的衛星為何一直未被發現呢？這是很難說得通的。更何況衛星繞行星運動的週期相對於行星的公轉週期來說一般都很短（比如月球繞地球運動的週期只有地球公

轉週期的十二分之一，對外行星來說這一比例通常更小），由此造成的行星軌道變化應該是短週期的，可是天王星出軌的方式卻呈現長期的變化，這是衛星假設無法解釋的，因此衛星假設也很快就臉朝下地躺倒了。

除這些假設外，有些天文學家還提出了另外一種可能性，那就是萬有引力定律也許並不是嚴格的平方反比律，甚至有可能與物質的組成有關。這種可能性雖然很難被排除，但萬有引力定律是一個「牽一髮動全身」的東西，一旦被修正，所有天體的運動都將受到影響，其中也包括那些一直以來被解釋得非常漂亮的其他行星及衛星的運動。要想對萬有引力定律動手腳，讓它解釋天王星的出軌，同時卻又不破壞其他行星的運動，無疑是極其困難的——如果不是完全不可能的話。而且單憑天王星的出軌就在天體力學祖師爺牛頓的萬有引力定律頭上動土，也似乎太小題大做了一點，因此這種假設的支持者寥寥無幾。

就這樣，從拉普拉斯、梅尚、菲克斯米爾納、達蘭伯利，到波瓦德，一次次的計算全都歸於了失敗；從彗星撞擊說、介質阻尼說、未知衛星說，到引力修正說，一個個的假設全都陷入了困境。天王星出軌之謎的正解究竟在哪裡呢？到了一八三〇年代末，天文學家們在盤點自己的「假設倉庫」時發現那裡只剩下了一張牌。這張牌是唯一一個沒有倒下的假設，這個假設已是最後的希望，可這個希望的背後卻是一道令人望而生畏的數學難題。

天王星出軌之謎的正解期待數學高手的橫空出世！

[1] 多數讀者可能對天文觀測的精度沒有概念。幾十角秒的誤差是個什麼概念呢？那相當於丹麥天文學家第谷（Tycho Brahe）的觀測誤差。第谷是十六世紀的天文學家，比最早觀測天王星的佛蘭斯蒂德還早了一個世紀，他的全部觀測都是依靠肉眼進行的（望遠鏡的發明是他去世之後的事）。因此幾十角秒的誤差所對應的精度是肉眼觀測的精度（雖然對於肉眼來說這應該算是最高的精度，因為第谷是他那個時代最傑出的天文觀測者）。望遠鏡發明之後，天文觀測的精度有了數量級的提高。據分析，伽利略的觀測精度就已達到了兩角秒。

[2] 有的讀者可能會覺得奇怪，天文學家們怎麼每次碰到問題時，都會拿彗星當藉口？發現新行星時先說是彗星，不想讓某個天體（比如智神星）成為行星時也說是彗星，現在又說天王星被彗星撞了腰。原因其實很簡單，因為在那時候，天空中最常被觀測到的不速之客就是彗星。

Chapter 10
數學難題

　　這個碩果僅存的假設讀者們想必已猜出來了，那就是在天王星軌道的外面還存在另一顆大行星，正是它的引力作用干擾了天王星的軌道，使它與天文學家們玩了將近半個世紀的捉迷藏。（請讀者們定性地想一想，天王星之外存在新行星的假設為何能避免前面提到的介質阻尼說和未知衛星說所遭遇的困難？）在天王星之外存在新行星的猜測本身其實並不奇怪。事實上，自天王星被發現之後，稍有想像力的人都可以很容易地想到這一點。不過，泛泛猜測一顆新行星的存在是一回事，將這種猜測與已知天體的運動聯繫起來，從而形成一種具有推理價值的假設，乃至於用這一假設來解決一個定量問題，則是另一回事。後者無疑要高明得多，困難得多，它的出現也因此要晚得多——直到一八三五年才正式出現。

　　一八三五年的十一月，著名的哈雷彗星經過了將近七十六年的長途跋涉，重新回到了近日點。天文愛好者和天文學家們共同迎來了一次盛況空前的天文觀測熱潮。就在萬眾爭睹這個多數人一生只有一次機會能用肉眼看到的美麗彗星時，天文學家們卻注意到了一個小小的細節：那就是哈雷彗星回到近日點的時間比預期的晚了一天。一個長達七十六年的漫長約會只晚了區區一天，算得上是極度守時了，但天文學家們的敏銳目光並未放過這個細小的偏差。法國天文學家瓦爾茲（Benjamin Valz）和德國天文學家尼古拉（Friedrich Bernhard Nicolai）幾乎同時提出了一個假設，那就是哈雷彗星的晚點有可能是受一顆位於天王星軌道之外的新行星的引力干擾所致[1]。由於當時天王星出軌之謎早已傳得沸沸揚揚，瓦爾茲進一步猜測這顆未知行星有可能也是致使天王星出軌的肇事者，這便是天王星出軌之謎的新行星假設。

　　與那些一出道就遭遇致命困難的其他假設相比，新行星假設沒有顯著的缺陷，這個難能可貴的特點使它很快就脫穎而出。

　　到了一八三七年，就連波瓦德也開始接受這一假設了。波瓦德的外甥在給英國皇家天文學家艾里（George Biddell Airy）的一封信中提到，他舅舅（即波瓦德）已開始相信天王星出軌的真正原因在於天王星之外的未知

英國天文學家
艾里（1801 ～ 1892）

行星的干擾[2]。艾里當時是英國格林威治天文台的台長，他在我們後面的故事中將是一位重要人物。艾里對天王星出軌之謎也非常關注，他手頭掌握著大量的觀測數據，並且還撰寫過有關這一問題的詳盡報告。通過對天王星軌道數據的細緻分析，艾里發現了一個當時鮮為人知的問題，那就是計算所得的天王星位置不僅在角度上與觀測數據存在著眾所周知的偏差，而且在徑向——即天王星與太陽的距離——上也與觀測數據存在偏差。艾里認為這種偏差的存在表明理論計算本身還有缺陷，他把這看成是解決天王星出軌之謎的關鍵。至於新行星假設，艾里則很不以為然。

艾里對新行星假設的不以為然，以及他對天王星出軌癥結的判斷後來被證實是不正確的。他個人所持的這些觀點雖不足以阻擋新行星假設快速流行的步伐，但由於他在英國天文學界舉足輕重的地位，他的這種日益孤立的見解為後來英國在尋找新行星的競爭中落敗埋下了種子。

新行星假設雖然受到了廣泛關注，但要想證實這一假設卻絕非易事。證實它的最直接的方法顯然就是找到這顆未知的新行星，通過觀測確定其軌道，然後再根據其軌道計算它對天王星的影響。如果這種影響恰好能夠解釋天王星的出軌，那麼新行星假設就算得到了證實。

可問題是，究竟該到哪裡去尋找這顆未知的新行星呢？它離太陽的距離比天王星還要遙遠（如果提丟斯 - 波德定則有效的話，它離太陽的距離應該比天王星遠一倍左右），因此一般預期其亮度要比天王星暗淡得多。另一方面，它的移動速度則要比天王星慢得多，因此不僅搜尋的難度大得多，而且判斷其為行星也要困難得多。這樣的搜尋聽起來意義非凡，實際上卻是一項風險很大的工作，很可能投入了巨大的人力、物力及時間，結

果卻換得竹籃子打水一場空。另一方面，當時各大天文台都有相當繁重的
觀測任務（其中有些雖號稱是天文觀測，其實卻是「為國民經濟保駕護航」
一類的測繪及定位任務），既沒有意願也沒有條件進行這種額外並且高風
險的搜尋工作。

　　既然依靠觀測這條路走不通，那麼對新行星假設的判定就只能通過純
粹的數學計算來實現了。毫無疑問，這種執果求因的計算要比計算一顆已
知行星對天王星的影響困難得多，因為新行星既然是未知的，它的質量、
軌道半徑、軌道形狀、與天王星的相對角度等所有參數也就都是未知的。
因此在計算時既要通過天王星出軌的方式來反推那些參數的數值（這是相
當困難的數學問題），也需要對無法有效反推的參數數值進行盡可能合理
的猜測，然後還得依據這些反推或猜測所得到的參數來計算新行星對天王
星的影響，並通過計算結果與觀測數據的對比來修正參數（這是相當繁重
的數值計算，別忘了那時還沒有電腦）。這種反推、猜測、計算、對比及
修正的過程往往要反覆進行很多次，才有可能得到比較可靠的結果。因此
要求計算者既有豐富的天體力學知識，又有高超的計算能力，而且還要有
過人的毅力、耐心和細緻。

　　幸運的是，歷史不僅給了天文學界這樣的人物，而且很慷慨地一給就
是兩位。

[1] 早在一七五八年，即天王星尚未被發現的時候，就有天文學家猜測像哈雷彗星這樣有機會
　　遠離太陽的彗星，有可能受到遙遠的未知行星的影響。不過那種猜測在當時並未得到任何
　　具體數據的支持。
[2] 據艾里後來回憶，他甚至在一八三四年就曾收到過一位名叫赫西（Thomas Hussey）的英
　　國業餘天文學家的類似提議，不過那個提議沒有明說未知天體是一顆行星。

Chapter 11
星探出擊

就在波瓦德向天王星軌道問題發起唐吉訶德式衝擊的前一年，即一八一九年，一個小男孩降生在了英國康沃爾郡（Conwall）的一個農夫家庭，他被取名為約翰·亞當斯（John Couch Adams）。這個孩子很早就顯露出超乎常人的數學計算能力。

還在孩提時期，他就自學掌握了大量數學技巧。在十六歲那年，他通過複雜的計算相當準確地預言了發生在當地的一次日蝕，震動了鄉鄰，也預示著他一生的追求。

英國天文學家
亞當斯（1819～1892）

一八三九年，亞當斯進入劍橋大學的聖約翰學院深造。兩年後的一個夏日，他在一家書店裡看到了艾里有關天王星問題的報告。那時候，觀測數據與波瓦德軌道的偏差已達到了創紀錄的七十角秒，天王星出軌之謎比以往任何時候都更尖銳。已有十八年歷史的波瓦德軌道雖已千瘡百孔，卻仍像幽靈一般浮現在天文學家們的眼前，刺痛著他們。但這一切對於年輕的亞當斯卻是一個巨大的機會。對一位十六歲就能預言日蝕的年輕數學高手來說，有什麼能比與天王星出軌之謎這樣的絕世難題同處一個時代更令人興奮呢？亞當斯立即就被這一問題深深地吸引住了。

不過，吸引歸吸引，年輕的亞當斯還不能馬上就投入到這個問題中去。為了替自己今後從事真正的學術研究創造盡可能有利的條件，他必須首先完成劍橋大學的學業，為兩年後將要到來的畢業考試做好準備。這些雖不是他的終極興趣，卻對他最長遠的學術前途有著至關重要的影響。現實人生往往就是如此，你想做一件事，生活卻用這樣或那樣的事情來牽制你的興趣。不過處置得宜的話，這種牽制未必會成為羈絆。亞當斯的努力沒有白費，一八四三年，他以最優異的成績通過了畢業考試，據說他

的數學成績竟比第二名高出一倍以上。幾星期後，他又獲得了劍橋大學的最高數學獎——史密斯獎，並如願以償地成為了聖約翰學院的研究員（fellow）。

一八四三年的最後幾個月，亞當斯的生活甚至比考試前還要繁忙。放在他面前的是三重任務：一是對天王星軌道進行研究，這是他的夢想和興趣，他終於可以追逐自己的夢想了，但在時間上卻必須與其他任務共享；二是要完成聖約翰學院的教學任務，這是生存的需要；三是替劍橋天文台的台長查爾斯（James Challis）計算一顆彗星的軌道，這是他與劍橋學術界的正式交流，同時也是一次很好的熱身，因為這一計算要求考慮木星對彗星的引力干擾，而天王星出軌之謎的關鍵也正在於其他行星的引力干擾，兩者不無相似之處（當然後者要困難得多）。亞當斯有關彗星的計算發表於一八四四年初，他的結果與一位法國天文學家的計算吻合得很好，這一點很讓他高興。

但他也許做夢也不會想到，自己與那位法國天文學家的命運在未來幾年裡竟會交織出那麼多的故事和風波。

那位法國天文學家的名字叫做勒維耶（Urbain Le Verrier），他出生在法國的諾曼第，比亞當斯大八歲。他正是歷史帶給天文學界的另一位數學高手！

法國天文學家
勒維耶（1811～1877）

與完成彗星軌道的計算幾乎同時，亞當斯也完成了對天王星軌道的初步分析。他首先仔細檢查了波瓦德的計算，發現並糾正了一些錯誤，但這些小打小鬧並不足以挽救波瓦德的軌道。在確信波瓦德軌道已經無可救藥之後，亞當斯

正式採納了新行星假設。那顆神祕的
新行星究竟在哪裡呢？

英國天文學家
查爾斯（1803～1882）

　　亞當斯開始了用紙和筆尋找答案
的艱難歷程。作為計算的起點，他假
定新行星在提丟斯－波德定則所預言
的距太陽三十八‧八天文單位的橢圓
軌道上運動。他的初步評估得到了令
人振奮的結果：新行星對天王星的影
響看來的確可以解釋天王星的出軌之
謎。但為了得到可靠的結果，亞當斯
需要更多的數據，於是他向自己剛剛
幫助計算過彗星軌道的查爾斯求援。

　　查爾斯在我們後面的故事中也是一位重要人物，他當時很夠意思，立
即就寫信向艾里索要數據。艾里我們已在上章中提到過，他是當時格林威
治天文台的台長，在英國天文學界算得上是重量級的人物。之前，他也曾
擔任過劍橋天文台的台長，因而是查爾斯的前任。如我們在上章中所說，
艾里很關心天王星出軌之謎，手頭也有最新的觀測數據，但他對新行星假
設並不看好。艾里工作一絲不苟，但為人古板，缺乏想像力。在他管束下
的格林威治天文台台規森嚴、條框眾多。這一切對後來故事的發展有著不
可忽視的影響。亞當斯通過查爾斯向艾里索要數據，也許是他與艾里之間
第一次打交道。這次交道雖然間接，但卻非常順利，艾里立刻就寄來了數
據。可惜這也是接下來兩年半的關鍵時間裡亞當斯與艾里之間唯一一次順
利的交道。

　　拿到了數據，亞當斯立刻就投入到了更精密的計算之中。不過，學院
的教學任務與彗星計算還是從他那裡奪走了一部分時間。一八四四年秋
天，查爾斯又讓亞當斯幫他計算一顆彗星的軌道——那是一顆新發現的彗
星。那時亞當斯對此類計算早已輕車熟路，秋葉尚未落盡，他的計算結果

就出來了。但出人意料的是，亞當斯如此俐落的計算竟然還是慢了一步，一個已不再陌生的法國名字搶在了他的前面：勒維耶。

但亞當斯此刻已無暇品味自己與這位法國同行在研究課題上二度撞車的深刻寓意了，他的精力越來越多地投入到了推測未知行星軌道的計算之中。如我們在上章所說，這是一項極其複雜的計算。如果說扎克和他那些試圖圍捕小行星的朋友是天空警察，那麼亞當斯就應該算是星探，當然不是尋找演藝明星的星探，而是星空偵探，他要做的是通過「罪犯」在「犯罪現場」，即天王星軌道留下的蛛絲馬跡，來推斷其行蹤。

亞當斯從一七八○年到一八四○這六十年的現代觀測數據（其中很多是艾里提供的）中以每三年為一個間隔整理出了二十一組數據。他分別計算了這二十一組數據與波瓦德軌道的偏差，並與新行星產生的影響進行比較及擬合。由於新行星的軌道參數中除用提丟斯－波德定則確定的半長徑外，其餘全都是未知的，他需要通過不斷調整參數來尋求最佳的擬合效果。在計算中他還採用了高斯計算穀神星軌道時所用的誤差控制方法。考慮到當時的計算主要依靠手算 [1]，這實在是一件令人望而生畏的工作。亞當斯以驚人的專注和毅力進行著計算——這也是他一貫的風格。他的兄弟喬治（George Adams）曾有一段時間陪伴他熬夜，幫他驗證一些計算結果。在喬治撰寫的回憶中，他提到有很多次當他實在熬不下去時，想讓亞當斯去睡覺（那樣他自己也可以休息），亞當斯總是說：再等一會兒。而那「一會兒」卻總是無窮無盡般的漫長。在亞當斯沉醉於計算的那些日子裡，他幾乎神遊物外，甚至在與喬治一起散步時都需要後者提醒他避開障礙物。經過這樣沒日沒夜的努力，當下一個秋天來臨時，一八四五年九月，亞當斯的計算終於有了結果。

---

[1] 當然，對數表等數學表格對部分計算可以造成輔助作用。

Chapter 12
三訪艾里

　　按照亞當斯的推算，新行星的質量約為天王星的三倍，運動軌道則是一個半長徑為三十八‧四天文單位（比一開始假定的三十八‧八天文單位略小）的橢圓軌道。在這樣一顆新行星的影響下，亞當斯將天王星的出軌幅度由原先的幾十角秒壓縮到了一至二角秒，並預言了新行星一八四五年十月一日將在天空中出現的位置。由於亞當斯在計算中只用到了現代數據，因此一個很自然、並且也很重要的問題是：他的計算是否也可以解釋歷史記錄？為此，亞當斯進行了驗證，結果發現答案是肯定的。歷史記錄與現代數據的蹺蹺板第一次被擺平了，這在很大程度上印證了計算結果的可靠性，也間接印證了新行星假設的合理性。

　　亞當斯這些繁複計算的完成，在時間上與他為預測新行星位置所選的一八四五年十月一日這一日子已相距不遠。如果他能像當年的赫雪爾那樣擁有一流的望遠鏡，且精於觀測的話，完全有可能通過幾週甚至——如果運氣好的話——幾個夜晚的觀測，就能親自發現那顆新行星，因為他所預測的位置距離新行星當時在天空中的實際位置只相差了不到兩度 [1]。可惜亞當斯並沒有那樣的條件，於是他將自己的計算結果告訴查爾斯，再次尋求後者的幫助。

　　查爾斯也再次表現出了夠意思，只不過他的「意思」似乎總也離不開書信。他接到亞當斯的請求後，於九月二十二日替亞當斯寫了一封推薦信，讓他面呈給艾里。查爾斯在信中稱亞當斯的計算是可以信賴的。但令人困惑的是，查爾斯身為劍橋天文台的台長，自己就擁有搜索新行星所需的一切技術條件，卻為何要捨近求遠地把亞當斯推薦給艾里呢？而且他作為年長者，居然沒有建議亞當斯正式發表那些「可以信賴的」的計算結果呢，這又是為什麼呢？對此，一個可能的解釋是查爾斯其實並未真正相信亞當斯的結果。亞當斯的能力雖然已經通過替他計算彗星軌道而不止一次地得到了顯現，但那些計算的難度與通過天王星軌道來反推一顆未知行星的行蹤相比，無疑還相差很遠。不管是出於什麼原因，查爾斯這位堪稱當時全英國最瞭解亞當斯的天文學家，在這個至關重要的歷史節骨眼上沒有

選擇直接的幫助和參與，這是他與發現新行星的機會第一次擦肩而過。

　　九月底，亞當斯帶著查爾斯的推薦信來到格林威治天文台（圖 7）拜訪艾里。這是他第一次拜訪艾里，可惜艾里當時正在法國開會，讓他撲了個空。出師不利的亞當斯只得留下查爾斯的推薦信無功而返。艾里回到天文台後看到了查爾斯的推薦信，他很快就給查爾斯回了信，對錯過與亞當斯的會面感到遺憾，並禮貌地表示對亞當斯的工作很感興趣，歡迎他與自己建立通信聯絡。亞當斯得知這一消息後決定再次訪問艾里。

圖 7 格林威治天文台

　　一八四五年十月二十一日下午三點左右，亞當斯再次來到了格林威治天文台 [2]。不巧的是，艾里居然又不在。不過這次他只是暫時外出，於是亞當斯向艾里的管家表示自己過一會兒再來，並留下了一張一頁紙的計算結果。亞當斯在附近溜躂了大約一個小時後重新來到了艾里家。不幸的是，不知是由於管家的疏失還是其他什麼原因，艾里似乎並未收到亞當斯的「拜帖」，也不知道他會返回。因此當亞當斯第三次登門拜訪時，被告知艾里正在吃午飯，不見客人 [3]。因為吃午飯就不見客人，這聽起來似乎有些無理，其實在英國這樣一個禮儀森嚴的國家裡卻不足為奇，尤其是艾里乃是天文界的資深前輩，而亞當斯只是一位初出茅廬的年輕人，艾里在

吃飯時不見亞當斯並不算出格。但儘管禮儀如此，連吃三次閉門羹還是讓亞當斯失去了耐心，他沒等艾里吃完午飯就返回了劍橋。

回到劍橋後，亞當斯把尋求觀測支持的事擱到了一旁，他決定進一步改進自己的計算。在他第一輪的計算中，曾將未知行星的軌道半長徑假設為三十八‧八天文單位，這是提丟斯 - 波德定則的預言。但提丟斯 - 波德定則雖已接連被天王星和小行星帶的發現所支持，卻終究沒什麼理論基礎，因此亞當斯對建立在提丟斯 - 波德定則基礎上的軌道半長徑假設並不滿意。在新一輪的計算中，他決定放棄這一假設，而嘗試一個稍小一點的軌道半長徑：三十七‧三天文單位。

另一方面，艾里最終還是看到了亞當斯留下的那一頁計算結果。兩個星期之後，即十一月五日，他給亞當斯回了一封信。在回信中，艾里與亞當斯一樣，也質疑了提丟斯 - 波德定則的有效性，但他同時還提出了另外一個問題：那就是如何解釋天王星出軌之謎中的徑向偏差。我們在第十章中曾經介紹過，天王星軌道的徑向偏差在艾里眼中是很重要的問題，他甚至認為這很可能就是解決天王星出軌問題的關鍵。由於他的這一看法並未得到其他天文學家的重視，因此艾里一有機會就要重提這一問題，對亞當斯自然也不例外。

但這回卻輪到艾里吃閉門羹了，因為亞當斯並未對艾里姍姍來遲的信件作出回覆。亞當斯的沉默落在艾里眼中無疑變成了一個信號，讓他以為自己的問題已擊中對方的要害，兩人的聯繫就此中斷。

那麼，亞當斯為什麼不回覆艾里的信件呢？據他後來在一封為此事而向艾里表示歉意的信中所說，那是因為他並未意識到艾里對這一問題如此看重。很多年後，他在給一位朋友的信中則表示，他當時覺得艾里的問題太過簡單，因此沒有及時回覆。不過亞當斯的這些解釋頗有避重就輕之嫌，其可信度是值得懷疑的。艾里怎麼說也是前輩，哪怕他真的提了一個太簡單或不重要的問題，甚至我們把亞當斯對前不久的閉門羹一事還耿耿

於懷的可能性也考慮在內，作為後輩的他似乎也沒有理由用不回信這樣失禮的方式來處理。這樣的事情別說在英國，即便在禮儀相對寬鬆的其他國家，恐怕也是不合情理的。

如果亞當斯自己所說的原因不合情理，那麼真正的原因會是什麼呢？從邏輯上講，最有可能的答案恐怕就是：他是因為無法及時對艾里的問題作出明確回答，才沒有回覆的。這一點後來得到了一些史料的佐證，因為人們在亞當斯殘存的筆記中發現他曾試圖解決艾里的問題。這與他在上述信件中所說的並未意識到艾里對這一問題的看重，以及認為艾里的問題太過簡單顯然是有些自相矛盾的。

但無論出於什麼原因，忽視也好、為難也罷，甚或只是純粹的偶然，亞當斯與艾里三番兩次無法建立有效的聯繫，無論對他們兩人，還是對整個英國天文學界都是一個極大的遺憾。就在機遇從亞當斯、查爾斯和艾里的指縫間一次次遺落的時候，一位法國天文學家把自己的目光投向了天王星的出軌問題。

這已是此人第三次與亞當斯在相同的問題上相遇。

[1] 需要提醒讀者的是，這一偏差是指計算位置與實際位置的偏差，而非計算誤差。（請讀者想一想，這兩者的差別是什麼？）後來有人對這一數據，乃至英國方面的整個故事都提出了質疑，對此我們將在後文中加以介紹。

[2] 據說人們並未在當時遺留的日記、信件等文字記錄中找到亞當斯第二次訪問艾里的確切日期，因此十月二十一日這個日期是後人的推斷。

[3] 關於這一點，艾里夫人曾留下過兩個不同版本的書面說法，後人據此認為有關艾里一家當時正在吃午飯的傳言未必確鑿。由於艾里一家當時正在做什麼對整個事件的發展並無特殊重要性，因此本文不予細究，這裡提一下只是為了告訴讀者史學界對這一細節存有不同看法。

Chapter 13
殊途同歸

這位法國天文學家的名字大家一定猜出來了。是的，他就是兩次在彗星軌道計算中與亞當斯不期而遇的勒維耶。勒維耶有著與亞當斯同樣傑出的數學技能，不過他的天文之路卻略顯曲折。一八三〇年，初出茅廬的勒維耶在報考法國第一流的理工學校巴黎綜合理工學院（Ecole Polytechnique）的競爭中不幸落敗。由於勒維耶在當地學校的成績一向十分優異，他父親將失敗的原因歸咎於當地整體教育水平的低下。望子成龍的他毅然變賣了房產，將勒維耶送到巴黎複習備考。第二年，脫離了山溝的勒維耶終於變成了金鳳凰，不負眾望地進入了巴黎綜合理工學院。

與亞當斯一樣，勒維耶以最優異的成績通過了學校的畢業考試。不過畢業後的勒維耶卻一度進入了與天文學風馬牛不相及的政府煙草部門，並跟隨化學家給呂薩克（Joseph Louis Gay-Lussac）從事過一些化學方面的研究[1]。一八三七年，當巴黎綜合理工學院的一個天文學教職出現空缺時，給呂薩克建議並推薦勒維耶獲得了這一教職。雖然對導師建議的轉行感到意外，但勒維耶很快就發現天文學是一個可以充分展現自己數學才華的迷人領域。轉行天文後的勒維耶主要從事天體軌道的計算與分析。短短幾年間，他便在該領域樹立起了自己的名聲。

勒維耶的理論研究有著鮮明的系統性，這一點與當年赫雪爾的觀測工作頗有異曲同工之處。自一八四〇年以來，勒維耶對太陽系天體的運動做了近乎地毯式的研究，先後考察了水星、金星、地球、火星、木星、土星及若干彗星的運動。一八四五年秋天，在巴黎天文台台長阿拉戈（François Arago）的提議下，他將注意力轉向了當時已知的最後一個行星：天王星。

與亞當斯一樣，初涉天王星問題的勒維耶也對波瓦德軌道進行了細緻分析，也發現並糾正了一些錯誤，他的結論也和亞當斯一樣，那就是波瓦德軌道已經無可救藥了——僅憑木星和土星的影響是無論如何也擺不平天王星軌道的。接下來，勒維耶又近乎地毯式地逐一分析了我們在第九章中介紹過的幾種試圖解決天王星出軌之謎的假設，並將它們一一排除。這樣，他順理成章地將注意力轉向了當時已知的最後一個假設：新行星假

設，並且與亞當斯一樣，走上了用紙和筆尋找新行星的艱難之旅。

作為計算的出發點，勒維耶也採用了提丟斯－波德定則，把新行星的軌道半徑假定為三十八・八天文單位（在計算過程中微調為三十八・四天文單位，與亞當斯第一次計算的結果相同）。不過與亞當斯所用的橢圓軌道不同的是，他假定新行星的軌道為圓形。為了確定新行星在軌道上的位置，他將軌道按角度均勻地分割成了四十個區段，每段 9°（因為整個圓周有 360°）。顯然，在任何一個選定的時刻──勒維耶將之選為一八〇〇年一月一日──新行星必定位於這四十個區段中的某一個區段內。那麼它究竟位於哪一個區段呢？勒維耶再次發揮了自己的系統風格，他逐一考察了新行星在選定時刻位於四十個區段中的任何一個區段內所能對天王星軌道產生的影響。通過極其繁複的計算、對比和排除，到了一八四六年五月底，勒維耶終於找到了能夠使天王星軌道最接近觀測結果的那個區段。在此基礎上，他預言了一八四七年一月一日新行星所處的位置。

勒維耶的計算結果與亞當斯的相當接近。英吉利海峽兩邊的這兩位數學高手的智慧之劍指向了同一個天區，只不過當時勒維耶和亞當斯誰也不知道對方的工作。

與亞當斯不同的是，勒維耶公開發表了自己的計算，從而引起了一定程度的關注，因為那時天王星出軌之謎已經困擾天文學家們達半個世紀之久，新行星假設成為解決這一謎團的主流假設也已有差不多十個年頭，這還是第一次有人計算出新行星的確切位置（亞當斯的結果因為沒有發表，除查爾斯和艾里外，尚處於無人知曉的狀態）。一八四六年六月下旬，勒維耶的論文抵達了艾里所在的格林威治天文台。

如果說其他天文學家對勒維耶結果的關注在相當程度上是出於新奇，那麼對艾里來說，勒維耶的結果則帶來了一定的震動，因為這一結果與他大半年前曾經見過的亞當斯的結果相當接近 [2]。亞當斯在當時還是一個默默無名的年輕人，而勒維耶已有一定的知名度，艾里也許可以忽略亞當

斯，但對勒維耶的結果卻不能等閒視之。更重要的是，在這麼困難的問題上，兩個人同時算錯並非不可能，但錯得如此接近卻令人難以置信。因此，這時的艾里對亞當斯和勒維耶的結果已不得不刮目相看，他甚至向包括小赫雪爾（John Herschel，發現天王星的老赫雪爾的兒子）在內的幾位朋友及同事提及了這兩人的計算彼此接近，以及在近期內藉助計算結果發現新行星的可能性。

不過，要讓艾里信服勒維耶的計算還必須解決他心頭的一個超大疑難問題，那就是他當年曾問過亞當斯，卻未得到回答的那個天王星軌道的徑向偏差問題。這一問題依然盤亙在艾里的腦海裡，於是他寫信給勒維耶，詢問他的計算能否解決這一問題。一八四六年七月一日，艾里從勒維耶的回信中得到了非常肯定的答覆。這下艾里終於信服了。即便如此，他卻並未採取立即行動。從我們的角度看，艾里此時的遲鈍是一件非常奇怪的事情，但我們不能忘記，在這位皇家天文學家的日程中本就有太多的事情需要他去關注，雖然那些事情的重要性在事後看來與他錯過的事情相比根本就不值一提。幸運的是，艾里早年的一位數學老師在關鍵時候擊碎了他的遲鈍。七月六日，艾里與這位名叫皮考克（George Peacock）的數學教授談及了天王星出軌問題及亞當斯和勒維耶的計算。老教授對艾里的遲鈍大為驚訝，敦促他立即採取行動。

三天後，艾里終於採取了行動。

而這時候，勒維耶在做什麼呢？他和亞當斯一樣，投入到了新一輪的精密計算之中。在這一輪的計算中，他決定放棄前一輪計算所採用的兩個不太令人滿意的假設：其中一個是提丟斯 - 波德定則，勒維耶和亞當斯一樣，認為這是一個沒有足夠理論基礎的假設；另一個則是圓軌道假設，這無疑是一個過於特殊的假設。放棄這兩個假設後，勒維耶將新行星的軌道調整為了半長徑為三十六‧二天文單位的橢圓軌道。

勒維耶對新計算的沉醉，在無意間為艾里及英國天文學界創造了一個

難得的機會。因為一方面，沉醉於計算的勒維耶把尋求觀測支持的事情擱到了一邊；另一方面，勒維耶進行新計算這一消息本身在一定程度上降低了歐洲大陸的天文學家們對他前一輪計算的重視程度。這樣的局面對於艾里以及他的少數英國同事來說無疑是非常有利的，因為只有他們知道亞當斯的結果，從而也只有他們才知道勒維耶的計算並非孤立結果。一個複雜的計算，它是孤立結果還是得到過獨立來源的佐證，其可信度是截然不同的。英國人曾將亞當斯提供的先機輕輕葬送，但此刻的他們趁著歐洲大陸的天文學家們對勒維耶的計算將信將疑，心存觀望之際，提前洞悉了這一結果的可信度，並決定展開行動，這無疑是再次將先機攬到了自己身旁[3]。

那麼，英國紳士們能夠把握住這稍縱即逝的先機嗎？

[1] 給呂薩克在化學方面有不少貢獻，比如我們在中學化學課上接觸過的氣體化合體積定律，即給呂薩克定律，就是以他的名字命名的。

[2] 如果將他們的計算統一折算成平均日面經度（mean helio longitude）的話，那麼亞當斯的結果是一八四五年十月一日新行星位於經度 323.5°；勒維耶的結果則是一八四七年一月一日新行星位於經度 325°。

[3] 嚴格地講，歐洲天文學界並非鐵板一塊，在歐洲的某些地方曾有過一些零星的觀測。

Chapter 14
劍橋夢碎

　　如果要在格林威治天文台的歷任台長中評選幾位從事天文觀測最少的台長，艾里無疑會名列前茅。自從一八三五年出任台長以來，八年的時間裡，艾里參與過的觀測僅占同期天文台觀測總數的千分之二。即便在發現新行星的榮譽有可能唾手而得的時候，艾里仍沒有打算親自參與觀測。他更感興趣的問題倒是讓誰來摘取這一榮譽。結果他選擇了劍橋天文台，那是他就任格林威治天文台台長之前任職過的地方，那裡有他親自督建的高品質的諾森伯蘭望遠鏡（Northumberland telescope）[1]（圖8）。而且，亞當斯、艾里自己以及劍橋天文台的現任台長查爾斯都是劍橋的畢業生，讓劍橋天文台成為新行星的發現地，無疑可以演繹一出最完美的「劍橋天文故事」。

圖 8 安放諾森伯蘭望遠鏡的圓屋頂

　　不過平心而論，要說艾里選擇劍橋天文台而非自己所在的格林威治天文台是純粹的心血來潮或浪漫胸懷，卻也並非實情。事實上，格林威治天文台的名頭雖大，可是由於承擔了太多時間及經緯方面的測定任務，它所擁有的望遠鏡已經按這些特殊任務的需要進行了改動，比方說它的方向已被固定在了特定的子午線（即經線）上，以便能精確測定日月星辰穿越子午線的時間，而且它的放大倍率也比不上劍橋天文台的望遠鏡（格林威治天文台的望遠鏡口徑只有六‧七英吋，而劍橋的諾森伯蘭望遠鏡的口徑達

十一‧七五英吋）。這些都使得格林威治天文台已變得不再適合行星搜索工作了。因此艾里的選擇也可以説是形勢使然。

主意既定，艾里便於一八四六年七月九日寫信給查爾斯，敘述了劍橋天文台搜索新行星的有利條件，然後請他展開搜索。艾里表示，如果查爾斯本人沒有時間的話，他可以從格林威治天文台抽調一位助理予以協助。但艾里的信發出之後卻變成了泥牛入海，查爾斯並未及時回覆。等了四天沒有回信，艾里終於著急了，他再次寫信給查爾斯，提醒他尋找新行星的重要性應當凌駕於任何不會因推延而失效的其他工作之上。

查爾斯居然還是沒回信。

原來艾里的這位繼任者當時並不在劍橋，而是在渡假。當年的天文學家既沒有電話也沒有電子郵件，更沒有個人部落格可以隨時向外界展示自己的行蹤。艾里對查爾斯渡假的消息一無所知，白白著急了一場。七月十八日，查爾斯終於回到了劍橋天文台，他立刻給艾里回了信，表示將盡快展開觀測。艾里隨即給查爾斯提供了一個以勒維耶和亞當斯的計算結果為中心，東西範圍 30°，南北範圍 10°的區域作為搜索範圍。

但查爾斯在動作遲緩方面並不比他的前任艾里先前的拖拉來得遜色，他的「盡快」足足經過了十天的時間才付諸實施。在那期間，他向亞當斯提及了自己將要搜索新行星的消息。此時亞當斯的新一輪計算已接近完成，他向查爾斯提供了一些新的數據 [2]。這時距離艾里收到勒維耶的回信已相隔近一個月，所幸歐洲大陸的情勢並無實質變化，勒維耶的新一輪計算仍未結束，歐洲大陸的各主要天文台也仍無動於衷。

七月二十九日晚，查爾斯的搜索行動正式展開。英國天文界的成敗在此一舉。

按照後來查爾斯向艾里及英國報刊提供的敘述，在搜索中，他首先以亞當斯提供的位置為中心，觀測了寬度為九角分（一角分等於 1/60 度）的區域中所有視星等在十一以上的天體。幾天之後他的觀測因天氣而受

阻。八月十二日天氣轉好，查爾斯對七月三十日曾經觀測過的天區進行了複測。然後他開始對比七月三十日的觀測結果與八月十二日的複測結果。這種對比是搜索行星的標準手段，如果在對比中發現任何一個天體的位置發生了變化，那麼這個天體就有可能是查爾斯所要尋找的新行星。一組、兩組、三組……查爾斯一連對比了三十九組數據，全都匹配得完美無缺，這表明那些都不是他要尋找的新行星。雖然還剩下一些數據尚未對比，但查爾斯覺得這一天的對比不會有什麼收穫了。他想起自己手頭還有一些彗星數據需要處理，於是便提前終止了對比工作。

這一決定釀成了查爾斯一生最大的遺憾，也徹底葬送了艾里夢想的「劍橋天文故事」。

查爾斯完全沒有想到，在這場無形的競爭中，就在他迎來長久陰霾之後的第一個好天氣時，幸運女神又一次——也是最後一次——將垂青的目光投到了英國人的頭上。新行星的數據此刻就靜靜地躺在他八月十二日的複測記錄中。那一天，查爾斯只要再多對比十組數據，就會發現八月十二日所記錄的第四十九個天體——一顆藍色的八等星——在七月三十日的記錄中是不存在的。這說明那個天體七月三十日還不在他所觀測的天區中，八月十二日卻進入了該區域，那是一個移動的天體，那個移動的天體正是艾里要他尋找的新行星！

一招失誤，滿盤皆輸。

在八月份剩下的日子裡，查爾斯繼續對附近的天區進行搜索，結果一無所獲。九月初，他放棄了搜索。

---

[1] 該望遠鏡是一位諾森伯蘭公爵（Duke of Northumberland）於一八三三年捐助的，故而得名。

[2] 關於亞當斯向查爾斯提供的究竟是什麼數據，後來有人提出了質疑。質疑者認為亞當斯當時提供的其實是勒維耶第一輪計算的結果。如果那樣的話，那些數據與亞當斯當時即將完成的計算應該沒什麼關係。

Chapter 15
欲迎還拒

查爾斯的失敗，宣告了英國人在這場幾度領先的無形競爭中喪盡先機，黯然出局。雖然此刻他們還不清楚自己究竟失去了什麼，但歷史的風標已無可阻擋地偏向了後來居上的歐洲大陸。

就在查爾斯終止新行星搜索之前不久，一八四六年八月底，勒維耶完成了他的新一輪計算。那時候，他在整個計算中用去的稿紙數量已經超過了一萬頁。勒維耶的新結果與原先的結果相當接近（偏差只有 1.5°），這是一個好兆頭，它表明勒維耶的計算方法很可能具有良好的穩定性。按照勒維耶的計算，雖然新行星的軌道半徑比天王星大了將近一倍，但由於其質量也比天王星大得多，因此亮度依然可觀。勒維耶很清楚，再好的計算若是離開了觀測的驗證，也只能是空中樓閣。他已經用了一年的時間來構建這座宏偉的樓閣，現在是該讓一切落地生根的時候了。於是他開始盡其所能地勸說天文學家們對新行星展開搜索。

而此時的英國幾乎只剩下一個人還在為新行星的命運做最後的奔走，他就是亞當斯。比勒維耶晚了幾天，亞當斯也完成了自己的新計算。只不過，勒維耶循正常而公開的學術渠道發表了自己的所有計算，而亞當斯卻仍在繼續那種曾讓自己一再碰壁的私下交流。九月二日，他給艾里寫了一封信，一來通報自己的第二輪計算結果，二來則答覆一年前艾里在信中問起過的天王星軌道徑向偏差問題（這封信從一個側面說明亞當斯當年對徑向偏差問題的沉默，並非是因為沒有意識到艾里對這一問題的看重，或覺得該問題太簡單）。可惜的是，亞當斯和艾里的每一次重要交往似乎都注定要以失敗告終。亞當斯的信件抵達格林威治天文台時，艾里又出了遠門。不過這回亞當斯多少也學了一點乖，不再把寶完全押在艾里一個人身上了，他決定趕往英國科學進步協會（British Association for the Advancement of Science）在南安普敦（Southampton）的一次會議，以便報告自己的結果。

可人要是運氣背，喝涼水都會塞牙縫。

　　當亞當斯趕到南安普敦時，天文方面的會議早已結束。錯過了會期的亞當斯只能鬱悶的再次將自己埋首於計算之中，他將新行星的軌道半徑進一步縮小為三十四‧四天文單位，開始了自己的第三輪軌道計算。

　　另一方面，勒維耶的命運雖然比亞當斯順利，除了艾里等少數人外，不僅整個歐洲都將他視為新行星位置的唯一預言者，他的工作甚至還遠隔重洋傳到了美國。自八月份以來，勒維耶預言新行星位置的消息更是越出了學術界的範圍，得到了媒體的宣傳。可當他試圖說服各大天文台將那些溢美之詞，以及對新行星的期盼之意轉變為貨真價實的搜索行動時，卻遭遇了意想不到的困難。各天文學台的「老總」們雖毫不掩飾對他結果的極大興趣，以及對他水準的高度讚許，可一涉及到動用自己手下的人力和設備進行新行星搜索時，卻一個個支支吾吾、推三阻四起來。甚至連他的本國同行也不例外，一年前親自敦促他研究天王星出軌問題的巴黎天文台台長阿拉戈只進行了極短時間的搜索就放棄了。

　　讀者也許覺得奇怪，發現新行星是何等的美事？各大天文台應該爭先恐後，搶破腦袋才是，怎麼反倒你推我讓，欲迎還拒呢？難不成是「老總」們學到了「孔融讓梨」的事蹟？各大天文台之所以會有這樣奇怪的反應，主要有兩大原因：第一是信心不足。誰都知道發現新行星意味著巨大的榮譽，但同時也都知道尋找新行星是一件很困難的事情。雖說此次的情況有所不同，勒維耶已經計算出了新行星的位置，而且轟傳天下。可這計算新行星位置的壯舉，乃是前所未聞的故事，天文學家們心裡究竟信了幾成，恐怕只有他們自己才清楚。溢美之詞是廉價的，觀測時間卻是無價的，該不該用無價的時間去驗證廉價的評語，這是讓「老總」們不無躊躇的事情。

　　第二個原因則是制度死板。當時各大天文台都有繁重的觀測任務，也都有比較死板的規章制度，對觀測日程做哪怕細微的變更都不太容易，要想憑空插入一個耗時未知，結果莫測的行星搜索計劃更是難上加難。格林威治天文台甚至還有過觀測助理因擅自尋找新行星而受到艾里懲罰的事情。因此即便像查爾斯那樣既得到艾里的囑託，又有台長的權力，並且因

知曉亞當斯與勒維耶的雙重結果而具備信心優勢的人，也只願花費很有限的時間和精力進行觀測，且還心猿意馬、草率從事，以至於功敗垂成。而艾里本人把觀測任務交給劍橋天文台，雖有演繹劍橋故事的美好心願及其他客觀原因，但心底裡——據後人分析——也是不想打亂格林威治天文台的正常工作。

Chapter 16
生日之夜

一次次客氣的回絕讓勒維耶很是沮喪，他搜腸刮肚地尋找關係，試圖找到一個突破點。這時他忽然想起了自己曾經認識過的一位柏林天文台的天文學家，此人名叫伽勒（Johann Gottfried Galle），是柏林天文台台長恩克（Johann Franz Encke）的助理。說起來，勒維耶與伽勒的關係其實疏遠得很，唯一值得一提的聯繫是一年前伽勒曾給勒維耶寄過一份自己的博士論文。而忙於計算的勒維耶甚至連封感謝信都沒有回。真所謂此一時彼一時也，若非如今這件事，勒維耶這輩子能否想得起伽勒這個人都是個問題，而此刻勒維耶一想到伽勒就覺得親切無比，猶如看到了救命稻草。一八四六年九月十八日，勒維耶給伽勒寫了一封信，將伽勒一年前的博士論文狠狠地誇獎了一通，然後筆鋒一轉，談到了自己預言的新行星位置，他希望伽勒能幫助尋找這顆行星。

九月二十三日，勒維耶的信送到了伽勒手中。

雖然被冷落了一年，能夠收到當時已頗有名氣的勒維耶的來信（而且還是滿含讚許的來信），伽勒還是感到非常興奮，並且他也被勒維耶的預言深深吸引了。勒維耶的信終於落到了能被它打動的人手裡，不過更妙的則是這封信的抵達時間：九月二十三日，這一天正好是伽勒的老闆恩克台長的五十五歲生日。伽勒雖是柏林天文台的資深成員，但按規矩卻沒有擅自使用天文台的望遠鏡進行計劃外觀測的權力，他想要觀測新行星，必須得到台長恩克的允許。

德國天文學家伽勒
（1812 ～ 1910）

恩克作為台長，消息自然是靈通的，他早就知道勒維耶預言新行星的事，但和其他天文台的台長一樣，他對此事也一直採取了旁觀的態度。換作平時，伽勒的要求可不是那麼容易過關的。不過人在生日的時候心情通

常比較愉快，而且那天晚上同事們早已約定在恩克家中慶祝他的生日，並無使用望遠鏡的計劃，因此在伽勒的苦苦哀求之下，恩克終於答應給對方一個晚上的時間進行觀測。

　　拿到了尚方寶劍，伽勒拔腿就往觀測台走。這時一位年輕人叫住了他。此人名叫德亞瑞司特（Heinrich Louis d' Arrest），當時還是柏林天文台的一位學生，他碰巧旁聽到了伽勒與恩克的談話。德亞瑞司特請求伽勒允許自己也參加觀測。由於天文觀測不僅是觀測，而且還需要進行數據的記錄與比對，有助手參與顯然是非常有利的，於是伽勒答應了德亞瑞司特的請求，兩人一同前往觀測台。

德國天文學家德亞瑞司特
（1822 ～ 1875）

　　我們在第四章中曾經介紹過，發現行星的主要途徑有兩種：一種是透過行星的運動（比如小行星的發現），另一種則是通過行星的圓面（比如赫雪爾發現天王星）。由於通過運動發現行星通常需要對不同夜晚的觀測數據進行對比，而恩克只給了他們一個夜晚的時間，因此伽勒和德亞瑞司特將希望寄託在了觀測新行星的圓面上。他們將望遠鏡指向了勒維耶預言的位置，以那裡為中心展開了觀測。

　　那個夜晚秋高氣爽，萬里無雲，是進行天文觀測的絕佳天氣。但天氣雖然幫忙，運氣卻似乎並不垂青於他們。時間一分一秒地過去，他們並未發現任何顯示出圓面的天體。夜色越來越濃，希望卻越來越淡，難道勒維耶的預言錯了？又或是預言沒錯，但誤差太大，從而新行星離預言的位置太遠？如果是這樣，他們就必須擴大搜索範圍，而這顯然不是短短一個夜晚就能搞定的。

　　百般無奈之下，德亞瑞司特提議了一個方法：他們雖然只有一個夜晚

的觀測時間，從而不可能透過對自己的數據進行對比來發現新行星的運動，但他們搜索的這片天區以前也有人觀測過（雖然目的各不相同）。如果他們剛才觀測過的天體中有一顆是行星，那麼在人們以前繪製的星圖上，它顯然不會處在同樣的位置，甚至應該完全不在同一片天區裡，因為以前繪製的星圖與他們自己的觀測在時間上相距較遠。

由此看來，只要他們能在自己的觀測中發現一顆不在星圖上的天體，那個天體極有可能就是他們想要尋找的新行星。這是一個絕妙的新思路。當然，他們的運氣好壞還取決於星圖的詳盡程度。

彷彿與他們的機智遙相呼應，柏林天文台（圖9）最近恰好編過一份詳盡的星圖，那份星圖此刻就放在恩克的抽屜裡。伽勒和德亞瑞司特趕緊找來了那份星圖，然後由伽勒將望遠鏡中看到的天體的位置一個個報出來，德亞瑞司特則在星圖上一一尋找——找到一個就排除一個。半個小時過去了，興奮的時刻終於來臨，當伽勒報到一顆視星等為八等，與勒維耶預言的位置相差不到一度的暗淡天體時，德亞瑞司特喊了起來：那顆星星不在星圖上！

圖9 柏林天文台

　　此刻的時鐘已悄然劃過零點，嶄新的一天已經來臨 [1]。在這個不眠之夜裡，一個天體力學的神話已被締造，天文學的歷史翻開了輝煌的一頁。此時恩克的生日派對仍在進行，激動不已的伽勒和德亞瑞司特趕到恩克的住所，向他報告了這一消息。恩克立即中斷了生日派對，與他們一同趕往觀測台，三人一直觀測到黎明。第二天，在同樣完美的天氣條件下，他們又仔細覆核了一次，發現那個天體的位置移動了，並且移動的幅度與勒維耶的計算完全吻合。毫無疑問，他們已經發現了勒維耶預言的新行星 [2]。

　　九月二十五日早晨，走下觀測台的伽勒寫信向勒維耶報告了發現新行星的消息。

　　這個消息很快就席捲了整個天文學界，並將在不久之後掀起一場風暴。

[1] 儘管如此，人們通常仍將一八四六年九月二十三日作為新行星的發現日。

[2] 經過仔細的觀測，他們也確定了新行星的圓面大小，比勒維耶預言的小了百分之二十左右。

Chapter 17
名動天下

　　雖然近代天體力學史上從來就不乏精密的計算和預言，比如我們在第六章中曾經提到，高斯預言的穀神星位置與實際觀測只差零點五度。至於有關日蝕、月蝕及彗星週期等的預言，則更比比皆是。但那些計算所涉及的天體，其存在性及部分軌道數據都是已知的，所有的計算和預言都只是從有關該天體的已知數據出發，來推測未知數據。而像勒維耶這樣通過已知行星的運動，來間接推算一顆遠在幾十億公里之外，沒有任何觀測數據的未知行星的軌道，並將其位置確定到如此精密的程度，這不僅是前所未有的壯舉，而且充滿了引人遐想的空間。一時間，所有人都被這令人炫目的偉大成就所震撼，這一成就的「總設計師」勒維耶幾乎在一夜之間就達到了自己一生榮耀的頂點。來自歐洲各地的讚美與祝賀如雪片般飛來，很多人激動地將勒維耶的成就稱為天文史上最偉大的成就。

　　在伽勒給勒維耶報信的同時，他的老闆恩克也親自給勒維耶寫了信，在信中，除了向勒維耶表示「最誠摯的祝賀」外，恩克還寫道：「您的名字將永遠與對萬有引力定律有效性的能夠想像得到的最驚人驗證聯繫在一起」。德國天文學家舒馬赫（Heinrich Schumacher）的評論則是：「這是我所知道的最高貴的理論成就」，這位舒馬赫曾試圖幫助勒維耶聯絡德國及英國的天文學家進行新行星搜索，可惜那些被他聯絡到的天文學家無一例外地喪失了機會。除天文學界外，歐洲的媒體也迅速報導了這一消息，並在公眾中激起了極大的興趣。十月五日，新行星發現後的第十天，法國科學院每週一次的例行會議幾乎成了勒維耶的明星秀，聞訊而來的民眾把科學院的入口擠得水洩不通，人人爭睹勒維耶的巨星風采，每張嘴都在念叨著勒維耶的名字。甚至連法國國王也被勒維耶的盛名驚動，親自聆聽了勒維耶對自己發現的介紹。

　　在這湧動的熱潮中，許多法國民眾開始將新行星稱為「勒維耶星」。提議以發現者的名字命名行星，這在行星發現史上並非頭一遭，在法國尤其如此。當年赫雪爾發現的天王星在法國就一度被稱為「赫雪爾星」，更何況此次發現新行星的首要功臣就是法國人。這時候，倒是勒維耶本人很

謙虛地提議了一個不同的名字：奈普頓（Neptune），這是羅馬神話中的海洋之神。這個名字既符合行星命名的神話慣例，又與新行星在望遠鏡裡呈現的美麗藍色珠聯璧合，是一個很漂亮的提議[1]。不過這一名字尚未得到公認，連續幾天的「群眾運動」及「勒維耶星」的「黃袍加身」就使勒維耶的想法產生了變化。他覺得新行星若果真被命名為「勒維耶星」，倒也是一件很幸福的事情。這樣的命名雖有違慣例，但考慮到此次的情形是如此的獨一無二，勒維耶覺得自己享受一個獨一無二的命名也並不為過。在他的示意下，巴黎天文台的台長阿拉戈公開提議將新行星命名為「勒維耶星」。但這一提議終究沒能與已成主流的神話命名體系相抗衡，更何況此時此刻，一場巨大的風暴已然來臨，小小的命名之爭很快就淹沒在了驚濤駭浪之中。等到風浪平息之後，最終還是海洋之神成為了新行星的名字，在中文中，這一行星被稱為海王星[2]。

海王星被發現時的視星等為八，雖然超出了肉眼所能辨別的極限，但在望遠鏡所能觀測的天體中卻是比較亮的。因此與天王星的情形一樣，天文學家們很快就發現海王星其實也早在其被伽勒和德亞瑞司特發現之前，就已被反覆記錄過。這其中最該痛哭流涕的無疑是查爾斯，在與新行星擦肩而過的所有人中，他是唯一一位以搜尋新行星為目的，並且觀測到了目標，卻仍失之交臂的人。悔恨排行榜上的亞軍則屬於法國天文學家萊蘭德（Michel Lalande），此人的「冤情」堪比其同胞拉莫尼亞（參閱第四章）。一七九五年五月八日及五月十日，萊蘭德兩次觀測到了海王星。次數雖不算多，但與拉莫尼亞不同的是，萊蘭德明確注意到了該天體在兩天之中的位置變化。此時此刻，新行星的發現實已呼之欲出。但令人難以置信的是，萊蘭德竟鬼使神差般地認定自己五月八日的觀測是不準確的，而且連進一步的確認及後續觀測都沒做，就將這千載難逢的機會拱手送還給了命運女神，從而創下了行星觀測史上最離奇的失誤。

在曾經記錄過新行星的人之中，最讓人意想不到的則是伽利略。一九七九年，人們發現這位科學啟蒙時代的宗匠竟然早在一六一二年至

一六一三年間——即不僅比海王星的發現早了兩百三十多年，甚至比天王星的發現還早一百七十多年——就至少兩次觀測到了海王星。另外值得一提的是，小赫雪爾曾在一八三○年的一次天文觀測中搜索過距離海王星當時的位置只差零點五度的天區。小赫雪爾努力的繼承了父親的事業，當時已成為英國最有聲望的天文學家之一。以他的觀測設備及觀測水準，若當時他的觀測區域稍稍擴大一點，就極有可能締造一段父子雙雙發現新行星的佳話。但這樣的佳話假如出現，勒維耶用筆尖發現海王星的更偉大的奇蹟將不復存在。小赫雪爾在給朋友的信中表示，如果那樣的話，連他自己都將感到遺憾。這句話也許是心裡話，也許只是一種風度，但對於行星發現史來說，這句話倒是千真萬確的。海王星以如今這種方式被發現，實在是行星發現史上最動人的故事。

　　不過這故事雖然動人，卻也沒有後人渲染的那樣完美，這是後話。

---

[1] 有關這一提議的由來，勒維耶在給伽勒的一封信中聲稱是法國經度局（The Bureau of Longitude）的決定，但法國經度局卻否認了這一說法。人們一般認為，這一命名是勒維耶自己的提議，至多曾與經度局的人有過非正式的交流。

[2] 海王星這一名稱直到一八四七年才基本得到公認，但為了方便起見，我們在下文講述一八四七年以前的事件時也將用這一名稱來稱呼新行星。

Chapter 18
軒然大波

　　海王星的發現在知道亞當斯工作的一小部分英國天文學家中引起了極大的震動。發現海王星的消息傳到英國時，艾里正在歐洲大陸渡假，當時在英國的知情人除亞當斯本人外，主要有兩個：一個是查爾斯，另一個則是小赫雪爾。

　　小赫雪爾成為知情人的具體時間史學界尚有爭議，傳統的說法是他曾在六月二十九日皇家天文台的一次會議期間聽艾里提到過亞當斯與勒維耶的計算[1]。那是艾里極罕見的一次向他人提及亞當斯的名字，那個消息給小赫雪爾留下了深刻印象。九月十日，他在英國科學進步協會的一次演講中，將預言海王星的位置比喻為哥倫布從西班牙海岸直接看到美洲[2]。當時海王星尚未被發現，小赫雪爾並未在這番泛泛之語中提及預言者的名字，不過由於勒維耶的工作早已廣為人知，幾乎所有的聽眾都以為小赫雪爾指的就是勒維耶的預言。現在海王星已被發現，勒維耶也已名動天下，作為英國天文界的頂尖人物之一，小赫雪爾不願坐視英國在這場無形競爭中一敗塗地。十月三日，他在倫敦的一份週報上發表文章，公布了亞當斯在整個事件中的角色。這是這一事件的英國版首次被公開。小赫雪爾在文章中除了提及亞當斯的結果外，還表示正是因為知道亞當斯與勒維耶的結果幾乎相同，才使他有足夠的信心將預言海王星的位置比喻為哥倫布從西班牙海岸直接看到美洲[3]。

　　在除亞當斯本人之外的三位英國知情人中，小赫雪爾無疑是最沒有心理包袱的，因為他在這一事件中純粹是旁觀者。與他不同的是，艾里與查爾斯很早就知道了亞當斯的結果，因此這兩人對英國在這一競爭中的落敗很難脫得了關係。尤其是查爾斯，他的疏失對於一位職業天文學家來說堪稱是醜聞。查爾斯是九月三十日得知海王星被發現的消息的，當時他還不知道自己早在一個多月前的八月十二日就曾觀測到過海王星，因此心中尚無愧意。不僅沒有愧意，他還有苦水要倒。因為他在九月二十九日看到了勒維耶發表的最新計算結果，那篇文章重新引起了他對新行星的興趣，當天晚上，他恢復了已中斷近一個月的搜索，並且成功地發現了一個有圓面

的天體——那正是海王星。可惜沒等他有機會覆核，就傳來了海王星已被發現的消息。查爾斯覺得自己實在有點冤，運氣也實在有點背，因此他立即給劍橋的一份刊物寫了信，除提及亞當斯的工作外，還著重提到自己過去兩個月以來一直在從事著早晚會成功的搜索工作，並在九月二十九日事實上獨立地發現了海王星。查爾斯的信也發表於十月三日。

若干天之後，當查爾斯發現自己一個多月前的重大疏失時，他的自我惋惜才轉變為悔恨與慚愧。

十月十一日，艾里回到了英國，他在九月二十九日就得知了海王星被發現的消息。無論從學術地位還是實際作用而論，艾里在整個英國版的故事中都處於中樞地位，他很快也對事件作出了反應。不過，他沒有訴諸媒體，而是直接給勒維耶寫了信。在信中艾里告訴勒維耶，英國方面在他之前就有過完全相同的預言。雖然艾里表示自己這封信的目的絕不是要抹殺勒維耶的貢獻，並且他也承認英國方面的工作不如勒維耶的工作來得廣泛，但他對「時間上更早」及「結果相同」這兩點的強調，還是讓勒維耶很受傷。

在英國方面的主要當事人中，唯一未發表聲明的是亞當斯本人，他雖然很沮喪，但沒有參與優先權之爭。相反，他將精力投入到了利用已經公布的觀測數據計算海王星的真實軌道，並於十月份完成了計算，成為最早在直接觀測數據之上完成海王星軌道計算的天文學家。

勒維耶收到艾里的來信時，小赫雪爾和查爾斯的文章也幾乎同時傳到了法國。這突如其來的三柄利刃讓勒維耶既感震驚又覺震怒。勒維耶的震驚和震怒是有道理的，艾里在海王星發現之前與他有過多次信件往來，如果英國方面早就有過與他平行的工作，艾里為什麼早不提晚不提，偏偏要等到海王星被發現之後才提？查爾斯的舉止更是可疑，他在刊物上的聲明發表之後，又於十月五日給不止一位歐洲大陸的天文學家去信，講述自己九月二十九日發現卻沒來得及確認海王星的「祥林嫂」故事。而在那些故

事中他卻隻字未提亞當斯的名字，這不是前後矛盾又是什麼？至於小赫雪爾，他竟然聲稱對勒維耶結果的信心乃是因為其與名不見經傳的亞當斯的結果相吻合，這對勒維耶來說簡直太傷自尊了。

來自英國方面的消息不僅激怒了勒維耶，也激怒了整個法國天文界。在他們看來，這分明是英國方面蓄意捏造事實，企圖搶奪榮譽的卑劣行徑。人不可以無恥到這種地步，法國天文學家們的心裡，那是相當的憤怒，他們立即展開了犀利的反擊。十月十九日，巴黎天文台台長阿拉戈在巴黎科學院的會議上發表了聲援勒維耶，討伐艾里、小赫雪爾及查爾斯的檄文。在這篇檄文中，阿拉戈大量援引了艾里等人寫給法國天文學家的信件，指出其相互矛盾之處，並痛斥英國人的卑劣企圖。阿拉戈在檄文的最後情緒激昂地指出：在每一雙公正的眼睛裡，這一發現都仍將是法國科學院的輝煌成就，也將是讓子孫後代景仰的最高貴的法國榮譽。

阿拉戈的檄文發表後，法國乃至歐洲其他國家的媒體都迅速跟進，展開了對艾里等人的圍剿。法國的有些報導乾脆將這三人稱為「竊星大盜」（考慮到海王星的大小，這罪名在理論上可比地球上的「竊國大盜」大得多）。更糟糕的是，阿拉戈所引的艾里等人與法國同行的通信一經曝光，在英國天文學界也引起了軒然大波。因為艾里與查爾斯不僅從未向法國同行們提及過亞當斯的工作，也向絕大多數英國同行隱瞞了消息。這一點讓許多英國天文學家也感到了憤怒，這其中有位天文學家叫做辛德（John Russell Hind），他曾在格林威治天文台當過助理。伽勒發現海王星的消息傳到英國後，他是第一位重複這一發現的英國人。但在那之前，他就曾與查爾斯討論過搜索新行星的問題。倘若查爾斯未曾向他隱瞞亞當斯的工作，他也許早就展開了認真的搜索。而如果艾里與查爾斯及早向英國天文界全面報告亞當斯的工作，說不定會有更多的英國天文學家投入搜索行動。不僅如此，更有人指出，倘若艾里與查爾斯在一八四五年秋天亞當斯的第一輪結果出來之後就認真對待，則歷史說不定早已被改寫，根本就不干法國人什麼事。從這個意義上講，艾里與查爾斯是導致英國天文學界整

體失利的罪魁禍首。某些激進的英國批評者甚至認為艾里有可能與勒維耶串通一氣，出賣了亞當斯的計算。這種指控當然是無稽之談，但艾里與查爾斯一度在歐洲大陸及英國本土同時遭到抨擊，「豬八戒照鏡子，裡外不是人」，則是不爭的事實。

　　艾里等人掀起的這場軒然大波不僅極大地傷害了法國人民的感情，而且還嚴重破壞了英國天文學界自身的和諧，這場風波該如何落幕呢？

[1] 這一細節是艾里於十一月十三日在皇家天文學會就海王星事件召開的質詢會上次顧這一事件時提供的,但史學界對此有一定的爭議,因為人們未能查到支持這一説法的文字記錄。

[2] 小赫雪爾是否在那次會議上説過那樣的話,也同樣因為沒有找到可以作證的文字記錄,而有一定的爭議。

[3] 我個人覺得奇怪的是:史料中沒有任何有關那段時間小赫雪爾本人從事新行星搜索的記載,以他的家世背景(父親是天王星的發現者),如果他真的對亞當斯和勒維耶的共同預言有那麼大的信心,為何沒有親自搜索新行星呢?

Chapter 19
握手言和

在所有針對艾里和查爾斯的抨擊中，有一點無疑擊中了要害，那就是在海王星發現之前，他們在一定程度上隱瞞了亞當斯的工作。事先隱瞞，有榮譽時卻突然提出，這使得他們的聲明在外人——尤其是在法國天文學界——眼裡有一種為搶奪榮譽而臨時炮製的感覺，成為他們取信於別人的最大障礙。

如果說一開始艾里對亞當斯的工作還只是忽略而非隱瞞，那麼在他得知了勒維耶的工作（詳見第十三章）之後，這樣的理由就不大說得通了。很多人認為，艾里和查爾斯存在將發現海王星的榮譽留給劍橋的私心，從而有意向同行們隱瞞了亞當斯的工作。這一看法雖從未得到艾里和查爾斯的承認，但應該說有一定的合理性[1]。艾里本人的說法，則是堅稱他自始至終就不曾對亞當斯的工作有足夠的重視，即便後來因瞭解了勒維耶的工作而意識到其結果很可能是正確的，也由於該結果並未正式發表而鮮有提及。但無論出於何種原因，法國方面以此為由全面否認英國方面的聲明，甚至認為亞當斯的工作是子虛烏有的騙局，顯然是欠冷靜的。

如果要盤點一下在發現海王星的過程中英國方面幾位當事人的個人過失，那麼查爾斯顯然有著極大的過失。作為一位職業天文學家兼天文台台長，在比對觀測數據時如此草率，無論如何是說不過去的。這一點，連他的英國同行們也嗤之以鼻，後來有評論者尖刻地嘲諷道：查爾斯是不朽的——他因失敗而不朽。

另一方面，艾里雖也飽受抨擊，但平心而論，他前前後後的行為倒是都有說得通的理由。比方說亞當斯一八四五年秋天吃到的幾次閉門羹就不能怪艾里，因為亞當斯並未預約。有人也許會對亞當斯第三次登門時艾里正在吃午飯一事感到奇怪，因為當時已是下午四點，但這個古怪的午飯時間卻是艾里醫生的要求。而艾里看到亞當斯留下的計算結果後隔了兩個星期才回覆，則是兩個因素的共同結果：一是他的妻子即將生第九個小孩；二是他手下有位職員正好捲入了一樁謀殺醜聞之中。任何人同時碰到這樣的家事和公事，恐怕都難免會受到影響。至於他在自己信中所提的天王星

軌道徑向偏差問題被亞當斯擱置後，不再關注對方，則更是合理的反應。

最後，亞當斯作為這一事件中唯一保持低調的當事人[2]，雖然得到了英國同行的普遍嘉許，但他沒有循正式途徑發表自己的計算，無論是因為信心不足，還是為了精益求精，對後來的風波都有直接的負面影響——雖然人們很難拿這一點來批評他。

令人欣慰的是，有關海王星發現的這場軒然大波，在短短幾個月之後就在學術界平息了下來。這其中小赫雪爾在遭受法國方面猛烈攻擊的情況下堅持斡旋，並用華麗的文字對勒維耶進行安撫，以及艾里在度過了對法國方面公布其私人信件的短暫憤怒期之後採取的克制態度，都起了不小的作用。而英國皇家學會也在這場風波中顯示出了非比尋常的氣度，將一八四六年的科普利獎章授予了勒維耶。六十五年前，發現天王星的赫雪爾所獲得的第一個崇高榮譽就是科普利獎章（圖 10），而此時亞當斯尚未獲獎，皇家學會就把獎項授予了勒維耶，而且還在獲獎理由中稱勒維耶的工作是「現代分析應用於牛頓引力理論的最令人自豪的成就之一」，這對勒維耶無疑是極大的安撫[3]。英國人向來珍視自己的榮譽，這回卻將最高榮譽授予了法國方面的競爭者，但英國皇家學會通過這一行為表現出的決決氣度又何嘗不是一種榮譽呢？

圖 10 科普利獎章

　　當然，爭論的最終平息還要部分歸功於亞當斯的論文。他的論文發表後贏得了一片讚許，很多人（不光是英國人）甚至認為他的方法在數學上比勒維耶的更為優美。法國學術界也最終承認了亞當斯的才華[4]。一八四七年六月，亞當斯和勒維耶在英國科學進步協會的一次會議上首度相遇。兩人用親切的交談開始了他們終生的友誼，也打消了人們對他們會面的擔憂。這正是：度盡劫波兄弟在，相逢一笑泯恩仇。

　　優先權之爭的落幕，也終結了勒維耶用自己名字命名海王星的短暫打算。因為這一打算不僅有違行星命名的傳統，也與天文學界好不容易達成的亞當斯與勒維耶共享榮譽的共識相違背。

　　亞當斯與勒維耶這兩位當年曾為了請人觀測新行星而四處奔走的天體力學高手，後來都親自擔任了天文台的台長：勒維耶於一八五四年接替去世的阿拉戈擔任了巴黎天文台的台長，亞當斯則於一八六一年接替離職的查爾斯成為了劍橋天文台的台長。不過他們兩位在天文台台長的位置上表現得並不出色，亞當斯基本上是把觀測事務全都推給了資深助理，勒維耶則不僅同樣疏於觀測（有人認為他甚至從未在望遠鏡裡看過一眼讓他名垂青史的海王星），而且還因與下屬關係惡劣而一度離職。亞當斯後來兩度擔任皇家天文學會的主席，在那期間，他親自向德亞瑞司特（即與伽勒一起發現海王星的那位學生，他的貢獻曾被很多人忽視）和勒維耶頒發過獎項。不過他頒給勒維耶的獎項，我們在後文中將會提到，卻是一個烏龍獎項。

　　海王星事件落幕後，艾里將他手中有關這一事件的信件及其他資料存入了格林威治天文台的檔案之中。這些檔案被後人稱為「海王星檔案」（Neptune Files）（圖 11）。出人意料的是，這些檔案在一個半世紀之後又重新掀起了一場風波。

圖 11 海王星檔案

[1] 如我們在第十五章中所說，僅憑勒維耶的計算，多數天文學家採取的只是觀望態度。因此知道亞當斯的結果在很大程度上可以算是「劍橋幫」的祕密武器。不過這一看法無法解釋艾里為何曾向小赫雪爾等少數同事提及過亞當斯與勒維耶的計算（小赫雪爾雖也曾就讀於劍橋，但他並不在劍橋天文台從事觀測，應該與艾里設想的劍橋故事沒有關係），並明確提出了存在近期內依據這些計算發現海王星的可能性（參閱第十三章）。

[2] 後來有人對亞當斯是否真的是一位「timid」（害羞）或「modest」（謙虛）的人提出了異議。但無可否認的是，亞當斯即便在成名之後仍相當低調。他一生謝絕過兩次巨大的榮譽：一次是一八四七年，在小赫雪爾等人的推薦下，維多利亞女王決定授予他爵士頭銜，那是牛頓曾經獲得過的頭銜；另一次則是一八八一年艾里退休時，他受到推選接替艾里的位置——那是英國天文學界最尊崇的位置。找遍全英國，恐怕也找不出第二位謝絕這兩項榮譽的人。

[3] 兩年後，即一八四八年，亞當斯也獲得了科普利獎章。

[4] 與勒維耶不同的是，亞當斯的計算細節從未被全部發表，並且他的計算草稿也從未被全部找到。這使得一直有人對亞當斯的工作存有疑慮。不過依據曾經公布過的資料，後人已基本復現了亞當斯的計算方法。

Chapter 20
祕密檔案

　　海王星的發現在科學界引起了極大的轟動。自那以來，這一發現一直被視為天體力學最輝煌的成就，就像亞當斯與勒維耶的同時代人曾經讚許過的那樣。但是，過於奪目的歷史光環卻也掩蓋了這一成就背後的不完美性，以至於後世的很多文章過分渲染了海王星位置與勒維耶的預言相差不到一度這一輝煌之處，卻忽略了計算結果中那些與觀測不那麼相符的地方。

　　我們在第十八章中曾經提到，在海王星被發現之後，亞當斯是第一個利用實際觀測數據對其軌道進行計算的天文學家。亞當斯的計算表明，海王星軌道的半長徑只有三○‧○五天文單位（現代觀測值為三○‧○六天文單位）。稍後，海王星的質量也得到了較為準確的測定，結果表明其質量與天王星幾乎相同。將這些結果與亞當斯及勒維耶的計算相比較，不難看到彼此間存在不小的差距。亞當斯的兩次計算所採用的天王星軌道半長徑分別為三十八‧四和三十七‧三天文單位；勒維耶的兩次計算所採用的軌道半長徑則分別為三十八‧四和三十六‧二天文單位，均顯著大於實際值。而且，除勒維耶的第一次計算採用了圓軌道外，亞當斯和勒維耶所採用的軌道橢率均在○‧一以上，比實際值（約為○‧○一一）大了一個數量級。此外，亞當斯和勒維耶所採用的海王星質量為天王星質量的二至三倍，遠遠高於實際值。因此，亞當斯和勒維耶的計算無論在天體質量，還是軌道參數上都存在較大的誤差。不過幸運的是，對海王星質量的高估，與對其軌道半長徑的高估造成的影響在一定程度上得到了抵消，從而大大增加了亞當斯和勒維耶的計算與真實情形的接近程度。即便如此，後來的分析表明，在海王星長達一百六十五年的漫長公轉週期中，亞當斯和勒維耶的計算只在其中十餘年的時間裡才是真實軌道的良好近似，而一八四○年至一八五○年恰好就是這幸運的十年。從這個意義上講，海王星的發現雖然是一個偉大的天體力學成就，但它在離計算值如此之近的地方被發現卻有一定的偶然性[1]。

　　海王星的發現過程是動人心魄的，就連對這一發現過程所做的歷史研

究也充滿了奇峰突起的意外篇章。海王星事件的落幕雖快，卻落得並不徹底。一個多世紀以來，一直有人對事件的真相存有疑慮，尤其是對英國方面的說法感到懷疑。終於，這段暗流湧動的歷史在相隔一個半世紀後的一九九〇年代末又掀起了一陣新的波瀾。

我們在第十九章的末尾曾經提到，海王星事件落幕之後，艾里將後來被稱為「海王星檔案」的一批資料存入了格林威治天文台的檔案之中。這些海王星檔案在此後一個多世紀的時間裡一直處於祕密保存狀態，直到二戰後的一九五六年，才隨著格林威治天文台的搬遷而重現天日。但頗為離奇的是，這些檔案露面後不久就重新失去了蹤影。一九六九年，海王星研究者羅林斯（Dennis Rawlins）在試圖查閱海王星檔案時，被告知這些檔案已不知去向。海王星檔案的下落從此成為了一個謎，有人甚至認為這些檔案的失蹤，乃是英國方面刻意掩蓋歷史真相的手段。

幾十年的時光悄然流逝，海王星檔案依舊杳無蹤影。一九九八年，這些檔案的昔日藏身之地，有著三百二十三年輝煌歷史的格林威治天文台因為經費方面的原因而走到了關閉的邊緣。世事的變遷似已讓這懸案變得越來越沒希望了，但就在這「山重水複疑無路」的時候，事情出現了意想不到的轉機。一九九八年十月八日，作為關閉工程的一部分，工人們正準備拆除格林威治天文台的電話線，這時候資深檔案管理員珀金斯（Adam Perkins）接到了一個來自遙遠的南半球國家智利的電話。電話是從位於智利拉塞裡納（La Serena）的托洛洛山美洲際天文台（Cerro Tololo Observatory）打來的。在電話中，珀金斯聽到了一個讓人幾乎不敢相信的消息：失蹤了幾十年的海王星檔案在剛剛去世的恒星天文學家艾根（Olin Eggen）的遺物中被發現了！

原來，有藏書癖好的艾根在一九六〇年代中期利用其在格林威治天文台工作的機會，竊取了包括海王星檔案在內的重達百餘公斤的檔案[2]。

海王星檔案的失而復得很快就在史學界掀起了一場新的波瀾。有些人

在對那些檔案進行研究後，提出了一個驚人的觀點，即艾里、查爾斯、小赫雪爾、亞當斯等人當年講述的英國版故事是不真實的，亞當斯在對海王星的預言上不應該享有與勒維耶同等的榮譽。這其中最主要的一位，是一度有過倫敦大學學院榮譽研究員頭銜的英國人科勒斯特姆（Nick Kollerstrom）。二○○一年，科勒斯特姆透過網路披露了海王星檔案的部分內容，並對艾里等人當年的說法提出了全方面的質疑。二○○三年七月及二○○四年十二月，美國的兩份頗具影響力的主流科普雜誌《天空和望遠鏡》（Sky & Telescope）及《科學美國人》（Scientific American）先後刊文介紹了科勒斯特姆的質疑，並且所取標題頗為驚人。《天空和望遠鏡》的標題為：「祕密檔案改寫海王星的發現」；《科學美國人》的標題則是：「被盜行星之案」。很多其他媒體也引述或轉述了科勒斯特姆的觀點，他的正式論文則發表在了二○○六年三月出版的英國學術季刊《科學史》（History of Science）上。

一時間海王星的發現史似乎重新陷入了重重迷霧之中，英國人真的「盜竊」了海王星，歷史真的要被改寫嗎？

---

[1] 在後文講述完冥王星的發現後，我們還會再次談及這一問題。
[2] 按格林威治天文台後來的說法，檔案不是被盜，而是被艾根「借」走了。在艾根去世前，有人曾懷疑是他帶走了海王星檔案，但他一直予以否認。

Chapter 21
先入之見

　　科勒斯特姆對傳統海王星發現史的質疑包含了很多方面。從小的方面說，他質疑了傳統故事的許多細節，比如亞當斯對艾里的第二和第三次訪問（中間相隔一小時）是否真的是在一八四五年十月二十一日下午？艾里在他第三次來訪時是否真的是在吃午飯？艾里當時到底有沒有收到亞當斯的「拜帖」？艾里是否真的在一八四六年六月二十九日的會議期間提及過亞當斯和勒維耶的計算？小赫雪爾是否真的說過發現海王星如同哥倫布從西班牙海岸直接看到美洲這樣的話？等等。這些細節從歷史研究的嚴謹性上講無疑是可以探究的，甚至也可以影響對若干當事人個人過失的大小認定，但很難對事件的整體真實性造成扭轉乾坤的作用。

　　但是從大的方面說，科勒斯特姆的質疑也涉及了一些比較重要的問題。比如我們都知道，亞當斯早在一八四五年秋天就完成了第一輪計算，並且在訪問艾里時留下過一頁紙的計算結果。那麼，他當時的計算結果究竟是什麼呢？傳統文獻沿用的一直是艾里在海王星發現之後提供的說法，即亞當斯的計算結果與海王星的真實位置只差了 $1°44´$（我們在第十二章中所說的「不到兩度」指的就是這一說法）。但科勒斯特姆在查閱了一頁據稱很可能是亞當斯給查爾斯的文件，並對比了亞當斯本人的若干筆記後提出，亞當斯當時的計算結果並沒有艾里所說的那樣精確，而很可能是一個誤差達 $3°$ 的結果。科勒斯特姆認為，這樣的結果雖然仍是引人注目的，但卻不足以引導人們進行有效的搜索。

　　應該說，科勒斯特姆對這一點的考證是值得重視的，但他的結論卻相當突兀，甚至可以說是莫名其妙。$3°$ 的偏差雖然比 $1°44´$ 大了將近一倍，但仍是一個相當小的偏差。若真的有人依據這一結果進行搜索，是完全有可能發現新行星的，因為人們搜索新行星的範圍通常都不會定得很小（比如我們在第十四章中提到的艾里向查爾斯建議的搜索範圍就達 $30°×10°$）。而且更重要的是，我們在前面曾經提到，無論亞當斯還是勒維耶，他們的計算結果與海王星的真實軌道都存在不小的差異。在這種情況下，亞當斯的第一輪計算哪怕真的偏差了 $3°$，也不是什麼大不了的問

題。甚至哪怕與亞當斯當時計算有關的具體文件已不可考，也不足以改寫歷史。因為艾里在得知勒維耶的第一輪計算結果後，曾於一八四六年六月二十五日在給一位英國同事的信中提到過亞當斯的結果與勒維耶的很接近。當時海王星尚未被發現，我們沒有任何理由懷疑艾里在私人信件中所說的那些話。僅此一點，就足以證實亞當斯確實得到過與勒維耶相接近的結果，從而具備與勒維耶分享榮譽的工作基礎。

除了對亞當斯第一輪計算的偏差提出質疑外，科勒斯特姆還提到，亞當斯第二輪計算與真實位置的偏差比第一輪的更大[1]，並且他在一八四六年九月二日給艾里的信中曾對自己的預測作過幅度高達 23° 的錯誤變動。科勒斯特姆據此認為，亞當斯既沒有穩定的計算結果，也不具備對自己計算的基本自信。應該說，與勒維耶相比，亞當斯在自信心上的確顯得比較欠缺。不過我們對他們工作的評價，首要的依據是他們的計算方法是否正確，以及他們的計算結果能否對實際觀測造成引導作用。受當時的計算能力（尤其是數值計算能力）所限，他們兩人的計算誤差都是比較大的，勒維耶的計算誤差達 10° 左右，亞當斯的有可能更高。在這樣的誤差下，第二輪計算的實際偏差是變大還是變小，並不能有效地衡量他們計算方法的優劣，甚至也不能作為判斷他們計算誤差的充分依據。至於亞當斯對自己預言所作的巨幅變更，據分析很可能是因為將瑞士天文學家瓦特曼一八三六年公布的一組錯誤數據視為了新行星的觀測位置（因為瓦特曼在公布數據時曾宣稱那是他觀測到的新行星），與他計算方法的正確與否無關。而且那次巨幅變更只是一次孤立的預言，與他的兩輪系統計算並無實質關聯。退一步說，即便勒維耶的計算的確比亞當斯更為精確，甚至精確很多，但從上文提到的艾里給同事的信件，以及艾里因兩人的預測相近而催促查爾斯進行觀測來看，亞當斯的結果也仍足以對實際觀測造成引導作用。因此，這方面的質疑同樣不足以改寫歷史。

如果說上面那些質疑還只是單純的技術性質疑，所涉及的只是亞當斯計算的技術水準，那麼科勒斯特姆的另一類質疑，則把鋒芒指向了艾里等

人的誠信。在這類質疑中，他通過對艾里、查爾斯等人的文章及信件（尤其是信件）中各種細節乃至語氣的辨析，指出他們有可能在有關這一事件的若干敘述中撒了謊。這種辨析在當年優先權之爭最熾熱的時候，勒維耶、阿拉戈等法國天文學家也曾用過（參閱第十八章），只不過科勒斯特姆做得更為系統，也更加詳盡。

不過，這些辨析究竟有多大說服力，是值得商榷的，而憑藉那些辨析對這麼重大的歷史事件進行翻案，則更值得懷疑。因為我們都知道，信件的內容常常會因收信人的不同而有不同的側重點。比如在試圖安撫法國同行的時候，艾里就會有意突出後者的貢獻，少提或不提亞當斯，以免產生副作用。而信件的語氣則不僅與收信人有關，還與寫信人的心情有關，不同的語氣體現的有可能只是心情的差異，甚至相互間的矛盾也可能只是記憶的差錯或筆誤。信件不是論文，是不會有編輯來替寫信人修改筆誤的。事實上，科勒斯特姆能從艾里等人的信件中看出那麼多的「問題」，與其說是表明艾里等人有可能撒了謊，不如說是恰恰說明他們並未撒謊。因為那些信件大都是海王星事件發生之後所寫的，以艾里等人的智力，倘若有意要編造故事，又豈會在那些後期信件中留下如此多的破綻？那些「破綻」出現在普通信件中是可以理解的，但作為三個著名學者合謀故事的一部分，卻是根本不應該出現的。更何況，如果艾里等人真的撒了謊，艾里又為何要留下海王星檔案來讓後人追查真相？再說小赫雪爾和查爾斯早在十月三日就各自發表文章提及了亞當斯的貢獻（參閱第十八章），當時艾里尚在歐洲大陸旅行。他們若要編故事，又怎敢在艾里這麼重要的知情人返回英國相互協調之前就貿然行事？

總體來說，科勒斯特姆對海王星事件的研究帶有較強的先入之見，即首先認定失蹤檔案隱藏著重大問題，然後去尋找證據。這種「史從論出」的「陰謀論」心態是史學研究的大忌，帶著這種心態研究史料，很容易把一些並無充分說服力的細節視為鐵證，賦予它們不應有的重要性，就像中國寓言故事「疑鄰盜斧」所隱喻的那樣。而且一旦有了先入之見，常常會

有意無意地忽略或迴避對自己觀點不利的東西，千方百計地穿鑿附會自己早已設定的結論，從而喪失客觀公正的立場[2]。艾里、查爾斯及小赫雪爾都是有名望的天文學家，作為當時英國天文界的重要人物，他們當然很看重英國天文界的整體榮譽，但認為他們會在如此重大的學術事件中編造謊言，是令人難以置信的。因為這種謊言一旦敗露，將對英國的學術聲譽帶來重大災難。更何況，除小赫雪爾外，艾里和查爾斯都在海王星事件中遭受了巨大的個人名譽損失（若亞當斯並未獨立推算出海王星的位置，或他的工作質量與勒維耶不可相提並論，那麼後人加諸於艾里和查爾斯的惡評無疑會少得多）。科勒斯特姆提出的「證據」顯然遠不足以解釋這幾位功績卓著的天文學家為何要用自己寶貴的名譽，來進行一場吉兇未卜的豪賭，並且賭得如此粗心，甚至還特意保留了「罪證」。

　　海王星檔案的失而復得有助於史學界更精確地還原海王星發現過程中的若干細節，但起碼就目前看到的資料和分析而言，它完全不足以改寫歷史。海王星的發現是科學界的一個偉大成就，亞當斯和勒維耶各自獨立地計算出了海王星的位置，而伽勒及德亞瑞司特則一同發現了這顆新行星。

---

[1] 科勒斯特姆在這點上是自相矛盾的。亞當斯第二輪計算的偏差為 2° 30´，而他第一輪計算的偏差——按照科勒斯特姆自己的考證——則是 3°。因此，所謂第二輪計算的偏差比第一輪更大的說法是與他自己的考證相矛盾的。這一矛盾說明科勒斯特姆重新將艾里所說的 1° 44´ 作為了亞當斯第一輪計算的偏差（作為對比，勒維耶第二輪計算的偏差由第一輪的 -2° 21´ 縮小為 -0° 58´）。這種視自己需要而隨意選用彼此矛盾的數據的做法顯然是有失嚴謹的。另外值得一提的是，科勒斯特姆認為亞當斯和勒維耶的第二輪計算之間的相互差異有 3.5°，而非一些早期文獻所說的不到 1°。

[2] 這一點也正是科勒斯特姆的致命弱點，他對海王星發現史的質疑雖曾被一些主流科普雜誌、學術刊物及媒體所引述，但他的歷史「研究」有著濃厚的偽歷史及陰謀論色彩。除質疑海王星的發現史外，他還質疑納粹大屠殺的真實性，是所謂的「大屠殺否認者」（holocaust denier）之一，並因此於二〇〇八年四月被倫敦大學學院撤銷了一切學術頭銜。

Chapter 22
火神疑蹤

海王星的發現極大地刺激了天文學家和數學家的興趣。原本屬於觀測天文學家專利的新行星，居然可以用紙和筆來發現，這實在太吸引人了。一時間用數學方法尋找新行星成為了時尚。天文學家們兵分兩路展開了行動，一路沿襲了向外擴張的歷史傳統，到海王星軌道之外去尋找驚喜；另一路則獨闢蹊徑，將目光投向了水星軌道的內側。這後一路天文學家的領軍人物不是別人，正是赫赫有名的勒維耶。在發現海王星的榮譽出人意料地被亞當斯分走一半後，勒維耶決定尋找一個新的獵物——一個自己可以獨享的獵物。當時多數天文學家認為在海王星之外發現新行星的機會更大，但勒維耶卻認為在距海王星的發現如此之近，從而對海王星軌道的瞭解還不充分的情況下，用數學手段尋找新行星尚為時過早。因此，雖然他也相信海王星之外存在新的行星，但卻首先選擇將水星軌道以內作為自己的新戰場。

勒維耶之所以選擇水星軌道以內作為新戰場，還有一個很重要的原因，那就是水星的軌道也存在著反常。經過長期精密的觀測，天文學家們早就發現水星的橢圓軌道在背景星空中存在緩慢的整體轉動，這種轉動被稱為水星的近日點進動。觀測表明，水星的這種近日點進動平均每年約為五十六角秒。但另一方面，考慮了由地球自轉軸進動造成的表觀效應及已知行星的影響後，理論計算給出的進動值卻只有每年五十五·五七角秒[1]，兩者相差〇·四三角秒。天文學家們知道水星軌道的這一細微反常已有時日，勒維耶本人早在當年對各大行星做地毯式研究（參閱第十三章）時，就曾對水星軌道進行過詳盡考察。海王星的發現無疑賦予了這一反常一個全新的意義。在勒維耶看來，這個雖然微小，但確鑿無疑的軌道反常，是水星軌道之內存在未知天體的明顯證據。

那麼這未知天體會是個什麼樣的天體呢？勒維耶認為有兩種可能性：一種是單一行星，另一種則是小行星帶。也許是由於水星近日點的反常進動與當年的天王星出軌相比顯得更為規則，或者是受當時正在發現中的小行星帶的啟示，勒維耶比較傾向於後一種可能性，即在水星軌道之內存在

一個小行星帶。一八五九年九月，他在一篇文章中正式預言在距太陽〇‧三天文單位處存在一個未被發現的小行星帶。

正所謂：說曹操，曹操到。勒維耶的預言提出後不久，一位名叫萊沙鮑特（Edmond Lescarbault）的法國醫生兼業餘天文學家就給寫了一封信給他，聲稱自己曾於一八五九年三月二十六日發現過一個穿過太陽表面的天體。這封來信讓勒維耶很是興奮，他立即對這位業餘天文學家進行了「家訪」。在確信此人值得信賴後，勒維耶依據他所得到的數據對這一天體的參數進行了計算，結果表明其軌道半徑為〇‧一四七天文單位，質量約為水星質量的百分之六。這個天體很快就被取名為火神星（Vulcan，羅馬神話中的火神及希臘神話中的工匠之神，美神維納斯的丈夫）。一八六〇年初，勒維耶向法國科學院報告了發現火神星的消息。儘管自首次「發現」以來，包括萊沙鮑特本人在內的所有人都不曾再有機會一睹火神星的芳容，但法國科學院基於對勒維耶的無比信任，還是很痛快地將拿破崙設立的法國最高勳章——軍團勳章（Légion d' honneur）授予了萊沙鮑特，從而上演了該院歷史上最大的烏龍頒獎事件之一。

雖然火神星的軌道半徑遠小於勒維耶預言的〇‧三天文單位，其引力作用也遠不足以解釋水星近日點的反常進動，但勒維耶一生都對它的存在深信不疑。受他的巨大聲望影響，一些天文學家在此後近二十年的時間裡鍥而不捨地找尋著火神星的倩影，其中包括在浩如煙海的文獻中搜尋可能存在的歷史記錄。一八七六年，在亞當斯擔任主席期間，英國皇家天文學會也步法國科學院的後塵，很烏龍地在火神星的存在尚未得到確認的情況下，就將一枚金獎授予了勒維耶，以表彰他為解決水星近日點反常進動問題所做的貢獻。

但這一切的熱情都沒能感動火神星，這顆神祕的「行星」再也不曾露面過，所有曾被當作火神星的歷史記錄（主要集中在一八一九年～一八三七年間）也都被一一判定為是太陽黑子而非天體。一八七七年九月二十三日，火神星的最大支持者勒維耶離開了人世，這一天距海王星的發

現正好相隔三十一年，但火神星的命運仍懸而未決。

　　火神星之所以能在那麼長的時間內杳無蹤跡，卻仍讓那麼多的天文學家牽腸掛肚，除了依靠勒維耶的「魅力值」外，一個很重要的原因是它離太陽太近，太容易湮沒在太陽的光芒之中，從而即便長時間觀測不到，也無法說明它不存在。

　　但醜媳婦終究是要見公婆的。一八七八年七月二十九日，天文學家們迎來了一個搜尋火神星的絕佳機會：日全蝕。當太陽的光芒不再奪目時，火神星還如何遁跡？那一天，大批天文學家在可以觀測日全蝕的美國懷俄明州的一個小鎮上架起瞭望遠鏡，等待火神星之謎的水落石出。

　　但出人意料的是，那天的觀測沒能對火神星的命運作出宣判，卻充分證實了心理學的巨大威力。那一天，不相信火神星的天文學家們全都沒有觀測到火神星，從而更堅信了火神星的子虛烏有[2]。但相信火神星的職業天文學家沃森（James Watson）及業餘天文學家斯威福特（Lewis Swift）卻都聲稱觀測到了火神星，斯威福特甚至聲稱自己觀測到了兩個水內天體。雖然這兩人宣稱的天體位置彼此之間以及與勒維耶的預言之間全都不同（從而無法相互印證），而且很快就有天文學家通過他們記錄的天體位置指出他們很可能將已知天體誤當成了火神星，但這兩位老兄愛火神星沒商量，一口咬定自己觀測到的就是火神星。

　　在那之後又過了十幾年，人們在勒維耶有關火神星軌道的計算中發現了錯誤。不僅如此，進一步的分析表明，火神星的存在與其他內行星——尤其是金星——的運動並不相容。自那以後，火神星的追隨者基本上銷聲匿跡了。

　　最終為火神星的疑蹤畫下完美句號的是物理學家愛因斯坦（Albert Einstein）。一九一五年，他在剛剛完成的廣義相對論的基礎上，完美地解釋了水星近日點的反常進動，從而徹底剷除了火神星賴以存在的理論土壤[3]。

[1] 這其中由地球自轉軸進動造成的表觀效應約為每年五〇‧二五六角秒，由已知行星的引力
作用產生的進動約為每年五‧三一四角秒。

[2] 從理論上講，在日全蝕期間沒有觀測到火神星並不意味著火神星不存在，因為它有可能恰
好也和太陽一起被遮蓋。不過這種情況發生的概率較小（感興趣的讀者可以估計一下這一
概率的大小）。

[3] 即便如此，仍有個別天文學家在水星軌道以內尋找新天體。不過這類天體的線度上限已被
壓縮到了六十公里，至多只能是小行星。

Chapter 23
無中生有

　　尋找火神星的天文學家們已全軍覆沒，但在海王星以外尋找新行星的天文學家們卻還處在忙碌之中，他們的戰場完全是另一番景象。

　　我們知道，海王星之所以能在筆尖上被發現，是因為天王星存在出軌現象，而勒維耶之所以尋找火神星，是因為水星也存在出軌現象，雖然那種被稱為水星近日點反常進動的出軌現象具有高度的規則性，從而與天王星的出軌完全不同。那麼，尋找海王星以外的行星（以下簡稱海外行星），尤其是透過計算手段尋找那樣的行星，它的依據又在哪裡呢？很遺憾地說，只存在於天文學家們那些「騷動的心」裡。

　　自從海王星被發現之後，天王星的出軌之謎基本得到瞭解釋，剩餘的偏差已微乎其微。但如何看待這細微的剩餘偏差，卻有很大的講究。我們知道，有關行星軌道的任何觀測及計算都是有誤差的，因此計算所得的軌道與觀測數據絕不可能完全相符。一般來說，只要兩者的偏差足夠小，小於觀測及計算本身所具有的誤差，這種偏差就算是正常的，並且往往是隨機的。天王星的出軌與水星近日點的反常進動之所以引人注目，是因為它們都遠遠超過了觀測及計算的誤差。但是，海王星被發現之後，天王星的剩餘「出軌」實際上已經處在觀測及計算誤差許可的範圍之內，沒有進一步引申的餘地了。不幸的是，發現海王星的成就實在太令人心醉，以至於此前一直追求觀測與計算的一致，並願為之奮鬥終生的一些天文學家，現在反而由衷地期盼起觀測與計算的不一致來。因為唯有那樣，才有重演海王星發現史的可能。正是在這種滿心的期待乃至虔誠的祈禱之中，天文學家們開始在雞蛋裡挑骨頭，他們的目光變得多疑，他們不僅「發現」天王星仍在出軌，而且懷疑海王星也不規矩。

　　一八四八年，距海王星的發現僅僅過了兩年，法國天文學家巴比涅特（Jacques Babinet）就預言了一顆海外行星。他提出的海外行星的軌道半長徑約為四十七至四十八天文單位，質量約為地球質量的十一‧六倍。他的計算依據是海王星的實際軌道與勒維耶所預言的軌道之間的差別。顯然，這是一種完全錯誤的計算邏輯。因為勒維耶所預言的軌道只是依據天

王星出軌現象所作的推測，而且在推測時還對軌道參數（比如半長徑）做過帶有一定任意性的猜測，從而根本就不是標準的海王星軌道計算。（請讀者想一想，標準的海王星軌道計算應該是怎樣的？）用那樣的軌道來研究海王星的出軌，套用著名物理學家包利（Wolfgang Pauli）的話說，那是「連錯誤都不如」（not even wrong）。

理論天文學家們的心情固然急切，觀測天文學家們的動作也不含糊。一八五一年，距海王星的發現僅僅過了四年多，英國天文學家辛德（我們在第十八章中提到過此人，他是海王星被發現後第一位觀測海王星的英國人）宣布自己從美國天文學家弗格森（James Ferguson）的一份觀測報告中，發現了一顆軌道半長徑為一百三十七天文單位的海外行星。但是，無論辛德、弗格森還是其他人，都沒能再次捕捉到那顆神祕的「海外行星」，它的謎底直到二十八年後才揭曉，原來那是弗格森的一次錯誤的觀測記錄[1]。

這些早期的謬誤並未阻止更多的天文學家對海外行星作出預言。從十九世紀中葉到二十世紀初的五十年間，歐洲和美國的天文學家們輪番向海外行星發起了衝擊，並取得了如下「戰果」：

- 托德（David Todd）預言了一顆海外行星，軌道半長徑為五十二天文單位。

- 弗萊馬力歐（Camille Flammarion）預言了一顆海外行星，軌道半長徑為四十五天文單位。

- 福布斯（George Forbes）預言了兩顆海外行星，軌道半長徑分別為一百和三百天文單位。

- 勞（Hans-Emil Lau）預言了兩顆海外行星，軌道半長徑分別為四十六・六和七〇・七天文單位。

- 達利特（Gabriel Dallet）預言了一顆海外行星，軌道半長徑為四十七天文單位。

- 格里戈爾（Theodore Grigull）預言了一顆海外行星，軌道半長徑為五〇·六天文單位。

- 杜林岡德斯（Vicomte du Ligondes）預言了一顆海外行星，軌道半長徑為五十天文單位。

- 西伊（Thomas See）預言了三顆海外行星，軌道半長徑分別為四十二·五二、五十六和七十二天文單位。

- 伽諾夫斯基（Alexander Garnowsky）預言了四顆海外行星，但沒有提供具體數據。

一時間外太陽系幾乎變成了計算天文學的練兵場。在上述計算中，除天王星和海王星的軌道數據外，有些計算（比如弗萊馬力歐和福布斯的計算）還利用了某些彗星的軌道數據。但與亞當斯和勒維耶對海王星的預言截然不同的是，天文學家們對海外行星的預言無論在數量、質量、軌道半長徑，還是具體方位上都是五花八門。如果一定要從那些預言中找出一些共同之處，那就是「三不」：即全都不具有可靠的理論基礎，全都未曾得到觀測的支持，以及全都不可靠。

為什麼亞當斯與勒維耶預言的海王星參數彼此相近，而人們對海外行星的預言卻如此五花八門呢？這個並不深奧的問題終於引起了一位法國天文學家的注意。此人名叫蓋洛特（Jean Baptiste Gaillot），他對天王星和海王星的軌道進行了仔細分析，得出了一個直到今天依然正確的結論：那就是在海王星被發現之後，天王星和海王星軌道的觀測數據與理論計算在誤差許可的範圍之內已經完全相符。換句話說，天王星的出軌問題已經因為海王星的存在而得到了完全的解釋，在誤差許可的範圍之內，根本就不存在所謂天王星的剩餘出軌或海王星的出軌問題。

蓋洛特的分析很好地解釋了為什麼天文學家們有關海外行星的預言如此五花八門，卻無一中的。記得很多年前筆者曾經讀到過一則小故事，說有三位繪畫愛好者去拜訪一位名畫家。在畫家的畫室裡他們看到了一幅剛

剛完成的山水畫，那畫很漂亮，但令人不解的是，在畫的角落上卻有一團朦朧的墨跡。這三人深信那團墨跡必有深意，於是便對其含義作出了五花八門的猜測。後來還是畫家本人為他們揭開了謎底：原來那墨跡是畫家的孫子不小心弄上去的。在天文學家們預言海外行星的故事中，觀測與計算的誤差彷彿是那團墨跡，它本無深意，醉心於海王星發現史的天文學家們卻偏偏要無中生有地為它尋求解釋，從而有了那些五花八門的預言。

分析是硬道理，事實更是硬道理，在親眼目睹了那麼多的失敗預言後，多數天文學家接受了蓋洛特的結論，認為像預言海王星那樣從理論上預言海外行星，起碼在當時的條件下是不可能的。不過預言海外行星的努力並未就此而終止，因為有兩位美國天文學家偏偏不信這個邪，他們誓要將對海外行星的預言進行到底。

---

[1] 這一錯誤是美國天文學家彼得斯（Christian Peters）所發現的。

Chapter 24
歧途苦旅

這兩位在歧途上奮勇前進的美國天文學家對新行星的預言風格恰好走了兩個極端。一位猶如天女散花，四面出擊；另一位則謹記傳統方法，抱元守一。皮克林（William Pickering）是那位喜歡天女散花的預言者。此人出生在美國的波士頓，這是世界名校哈佛大學與麻省理工學院的所在地，有著厚重的學術沉澱。皮克林有位兄弟擔任過哈佛學院天文台（Harvard College Observatory）的台長[1]，而他本人在天文領域也小有成就，曾於一八九九年發現了土星的一顆衛星，不過他也熱衷於研究一些後來被證實為子虛烏有的東西，比如月球上的昆蟲和植被。總體來説，皮克林的工作風格不夠嚴謹，這在很大程度上影響了他的學術成就，他一生有過的最高學術職位只是助理教授。皮克林晚年花了大約二十年的時間研究海外行星，他在這方面的研究很好地示範了他的馬虎風格。他雖然是一個人在戰鬥，但提出的海外行星數量之多，更改之頻，信譽之低，以及參數之千差萬別，全都堪稱奇觀。自一九〇八年提出第一個預言以來，他先後預言過的海外行星共有七顆之多，且四度更改預言，他用英文字母對自己的行星進行了編號。為了對他的「戰果」有一個大致瞭解，我們將他的預言羅列一下（其中行星 U 的軌道雖在海王星以內，卻也是為瞭解釋天王星和海王星的「出軌」而提出的；帶撇的行星則是相應的不帶撇行星的「更新加強版」）：

- 行星 O（一九〇八年）：軌道半長徑五十一・九天文單位，質量為地球質量的兩倍。

- 行星 P（一九一一年）：軌道半長徑一百二十三天文單位。

- 行星 Q（一九一一年）：軌道半長徑八百七十五天文單位，質量為地球質量的兩萬倍。

- 行星 R（一九一一年）：軌道半長徑六千兩百五十天文單位，質量為地球質量的一萬倍。

- 行星 O'（一九一九年）：軌道半長徑五十五・一天文單位，質量為

地球質量的兩倍。

- 行星 O"（一九二八年）：軌道半長徑五十五・一天文單位，質量為地球質量的〇・七五倍。

- 行星 P'（一九二八年）：軌道半長徑六十七・七天文單位，質量為地球質量的二十倍。

- 行星 S（一九三一年）：軌道半長徑四十八・三天文單位，質量為地球質量的五倍。

- 行星 T（一九三一年）：軌道半長徑三十二・八天文單位。

美國天文學家皮克林
（1858～1938）

- 行星 P"（一九三一年）：軌道半長徑七十五・五天文單位，質量為地球質量的五十倍。

- 行星 U（一九三二年）：軌道半長徑五・七九天文單位，質量為地球質量的〇・〇四五倍。

　　除孜孜不倦地從事計算外，皮克林還投入了大量的時間親自搜索這些新行星。可惜他預言的行星雖多，在觀測上卻一無所獲。一九〇八年，在他完成了自己的第一個預言——對行星 O 的預言——後，他向一位名叫羅威爾（Percival Lowell）的美國天文學家請求了觀測方面的協助。這位羅威爾是他的波士頓老鄉，而且很巧的是，羅威爾也有一個兄弟在哈佛任職，且職位更高，曾任哈佛校長 [2]。與皮克林研究月球上的昆蟲和植被相類似，羅威爾也熱衷於研究一些後來被證實為子虛烏有的東西，比如火星人和火星運河。羅威爾對天文學的主要貢獻是，出資在亞利桑那州（Arizona）的一片海拔兩千多公尺的荒涼高原上建立了著名的羅威爾天文

台（Lowell Observatory）。這是美國最古老的天文台之一，也是全世界最早建立的遠離都市地區的永久天文台之一。這一天文台早期的一個主要使命就是觀測火星運河。

美國天文學家羅威爾
（1855～1916）

皮克林之所以請求羅威爾提供協助，除兩人是同鄉兼同行外，還有一個原因，那就是皮克林曾在羅威爾天文台的興建過程中向羅威爾提供過幫助。照說有這麼多層的「親密」關係，羅威爾是沒有理由不鼎力相助的。可惜皮克林卻有一事不知，那就是羅威爾正是那另一位「不信邪」的美國天文學家，他當時也在從事新行星的搜尋工作，而且已經進行了三年。有亞當斯與勒維耶的海王星之爭作前車之鑑，羅威爾對自己在這方面的努力進行了嚴格的保密，甚至在天文台內部的通信中都絕口不提新行星一詞。接到皮克林的請求後，羅威爾暗自心驚。他一方面不動聲色地予以婉拒，另一方面則加緊了自己的努力，將精力從火星運河上收了回來，集中到對新行星的研究上來。不過當他看到皮克林的粗糙計算後，立刻就放了心，看來並不是什麼人都有能力從事這方面的工作的。自那以後，羅威爾不再避諱提及新行星，他將新行星稱為行星 X。

羅威爾尋找新行星的努力最初側重的是觀測，可惜一連五年顆粒無收。自一九一〇年起，他決定對新行星的軌道進行計算，以便為觀測提供引導。羅威爾的數學功底遠在皮克林之上，與後者的漫天撒網不同，羅威爾對新行星的計算具有很好的單一性（即相信所有的剩餘「出軌」現象都是由單一海外行星造成的）。與亞當斯和勒維耶一樣，他首先對新行星的軌道半長徑作出了一個在他看來較為合理的假設，然後利用天王星和海王星的「出軌」數據來推算其他參數。在具體的計算上他採用了勒維耶的方

法（因為勒維耶發表了完整的計算方法，而亞當斯只發表了一個概述）。

那麼新行星的軌道半長徑應該選多大呢？羅威爾進行了獨特的分析。由於海王星的發現明顯破壞了提丟斯－波德定則，因此在尋找海外行星時人們已不再參考這一定則。為此，羅威爾提出了一個新的經驗規律，那就是每顆行星與前一顆行星的軌道週期之比都很接近於一個簡單分數，比如海王星與天王星的軌道週期之比約為 2：1，土星與木星的軌道週期之比約為 5：2。在此基礎上，他提出一個假設，即行星 X 與海王星的軌道週期之比是 2：1。由克卜勒第三定律可知（請讀者自行驗證），這意味著行星 X 的軌道半長徑約為四十七‧五天文單位。應該說，羅威爾的這個猜測有其高明之處，因為某些行星（或衛星）的軌道之間存在著所謂的軌道共振現象，它們的週期之比的確非常接近簡單分數。不過軌道共振並非普遍現象 [3]，即便出現軌道共振，也沒有理由認為行星 X 與海王星的軌道週期之比就一定是 2：1[4]。羅威爾自己或許也意識到了這一點，他後來還嘗試過兩個不同的軌道半長徑：四十三和四十四‧七天文單位。一九一二年，勞累過度的羅威爾病倒了幾個月，但藉助四位數學助手的協助，他終於一九一三年至一九一四年間完成了初步計算，他給出的行星 X 的質量為地球質量的六‧六倍。

在進行理論計算的同時，羅威爾也沒有放棄觀測搜尋。他將自己一生的最後歲月全都投入到了搜尋新行星的不懈努力之中。可惜的是，他——以及皮克林——的所有努力與以前那些失敗的預言並無實質差別。如果把他們投入巨大心力所做的計算比喻為大廈，那麼所有那些大廈——無論多麼華美——全都是建立在流沙之上的。隨著時間的推移，羅威爾的努力越來越被人們所忽視。一九一五年初，他在美國文理科學院（American Academy of Arts and Science）所作的一個有關海外行星搜索的報告受到了學術界與公眾的雙重冷遇，他的文章甚至被科學院拒收。自那以後，羅威爾對新行星的熱情一落千丈，而他的生命之路也在不久之後走到了盡頭。

　　一九一六年，羅威爾帶著未能找到行星 X 的遺憾離開了人世。在他一生的最後五年裡，羅威爾天文台積累了多達一千張的照相記錄，在那些記錄中包含了五百一十五顆小行星，七百顆變星 [5]，以及——他萬萬不曾想到的——新行星的兩次影像 [6]！這真是：有緣千里來相會，無緣對面不相逢。

---

[1] 皮克林的這位兄弟名叫愛德華（Edward Pickering），於一八七七～一九一九年間任哈佛學院天文台的台長。原子光譜中的皮克林線系（Pickering series）就是以皮克林的這位兄弟的名字命名的，他並且還是分光雙星（spectroscopic binary）的發現者。

[2] 羅威爾的這位兄弟名叫阿伯特（Abbott Lowell），於一九〇九～一九三三年間任哈佛大學校長。

[3] 由於太陽系相鄰行星（小行星帶也算在內）自外而內的軌道週期之比都在一至三之間，即便不存在軌道共振，它們接近於簡單分數的概率也不小。感興趣的讀者可以算一下，任意一個一至三之間的實數與一個簡單分數（比如分子分母都不超過五）接近到百分之八（這是羅威爾的猜測對已知行星的最大誤差）以內的概率有多大。

[4] 如果把後來發現的冥王星視為行星 X 的話，它與海王星則的確存在軌道共振現象，只不過它們的週期比是 3：2 而不是 2：1。

[5] 變星通常顯示為亮度變化的天體，與移動天體明顯不同。但有些變星在亮度變小後會因為比相片所能記錄的最暗淡的天體還要暗，而從相片中消失，這樣的變星在閃爍比對時很像是一顆移出（或移入）相片範圍的移動天體。

[6] 那是一九一五年四月七日由他的助手比爾（Thomas Bill）所做的觀測記錄，那時羅威爾自己已不再從事觀測。

Chapter 25
農家少年

羅威爾雖然去世了，但他為自己的未竟事業留下了一份最寶貴的遺產，那就是羅威爾天文台。他還在遺囑中留了超過一百萬美元作為天文台的運作經費，這在當時是一個巨大的數目。可惜的是，第一次世界大戰的爆發徹底終止了像尋找新行星那樣的「小資」活動。更糟糕的是，羅威爾的遺孀因不滿財產分配而發起了一場訴訟官司，這場官司不僅阻礙了天文台的運作，而且耗去了羅威爾留給天文台的那筆經費的很大一部分。經歷了這些波折的天文台直到一九二七年才重回正軌，可經費卻已變得拮据。這時候，羅威爾那位擔任哈佛校長的哥哥伸出了援助之手，向天文台捐贈了一萬美元。在此基礎上，天文台開始裝備一台口徑十三英吋的照相反射望遠鏡（圖 12）。

不過世事變遷對羅威爾天文台的影響不僅體現在財務上，也涉及了學術。當時羅威爾的多數工作（比如對火星運河的觀測）已被天文學界判定為是毫無價值的，而大半個世紀以來有關新行星的天女散花般的「預言」也早已信譽掃地。天文台是否還要繼承「羅威爾道路」呢？羅威爾生前從事的尋找新行星的工作是否還要繼續呢？這是羅威爾天文台面臨的一個新的十字路口。在這個路口上，天文台的資深天文學家們大都作出了與當年那些錯過了海王星的天文學家們一樣的選擇，即用其他任務填滿自己的工作日程，不再抽時間從事新行星的

圖 12 發現冥王星所用的望遠鏡

搜索。對於一般的天文台來說，這應該就是新行星故事的終結了。不過羅威爾天文台終究不是一般的天文台，它並未完全忘記創始人羅威爾的心願。雖然不可能再以新行星搜索為工作重心，但它當時的託管人——羅威

爾的外甥普特南（Roger Putnam）——決定招募一名觀測助理來從事新行
星的搜索。

　　說來也巧，恰好就在這時，一封來自堪薩斯州（Kansas）的求職信寄
到了天文台，求職者是一位二十二歲的農家少年。

　　這位少年名叫湯博（Clyde
Tombaugh），一九〇六年二月四日出生在
伊利諾州（Illinois），十六歲時隨父母遷居
到堪薩斯州。受他叔叔的影響，湯博從小
喜愛天文。由於家境貧寒，加上父母生育
了六個孩子，湯博中學畢業後只能輟學在
家。他白天幫家裡做農活，晚上則沉醉於
觀測無窮無盡的星空。由於沒錢購買合適
的望遠鏡，湯博用廢棄的船艙玻璃、木板
及農機零件，自己動手製作了口徑為七英
吋和九英吋的望遠鏡。

美國天文學家湯博
（1906 ～ 1997）

　　如果不是一九二八年的一場突如其來
的冰雹，湯博的一生也許就這樣靜靜地在農莊裡度過了。那一年，湯博家
的農作物長勢極好，卻在收穫季節來臨之前毀於冰雹。這場變故讓湯博覺
得應該找一個更可靠的職業來資助家裡。於是他向當時自己知道的唯一一
個天文台——羅威爾天文台——發去了求職信，並在信中附上了自己的一
些筆記和圖片。

　　一位務農在家且只有中學學歷的小夥子能引起羅威爾天文台的注意
嗎？很幸運，答案是肯定的。湯博在求職信中所附的筆記和圖片給羅威爾
天文台的台長斯里弗（Vesto Slipher）留下了很好的印象。他製作望遠鏡
的手藝也正是羅威爾天文台所需要的，因為天文台的十三英吋照相反射望
遠鏡當時正在裝配之中。甚至連他的務農經歷對斯里弗來說也顯得很親

切，因為斯里弗本人及天文台的另外兩位資深天文學家小時候都有過類似的經歷。

一九二九年一月，湯博乘坐了整整二十八小時的長途火車抵達羅威爾天文台，成為了天文台的一名觀測助理。不久之後，在他的參與下，天文台的十三英吋照相反射望遠鏡完成了裝配及調試工作。

一九二九年四月，年輕的湯博正式走上了尋找海外行星的征途。

與發現天王星及海王星的時代相比，天文觀測的手段，尤其是對暗淡天體的觀測手段，已經有了很大的改善。早期的觀測需要觀測者對天體座標進行手工記錄，這對於觀測暗淡天體來說是極為不利的。因為夜空中越是暗淡的天體，數量就越多。當所要觀測的天體暗淡到一定程度時，需要排查的天體數量就會多到讓手工記錄成為不可承受之重。為瞭解決這一問題，天文學家們將照相技術引進到了天文觀測之中。這樣，手工記錄的天體座標就由相片所替代，而原先需要透過核對座標來做的尋找新行星的工作，則可以透過對不同時間攝於同一天區的相片進行對比來實現。

羅威爾當年採用的就是這樣的方法。這種方法免除了對天體座標進行手工記錄的麻煩，但並不意味著天文觀測從此變得輕鬆了。事實上，在所要尋找的天體足夠暗淡時，即便這樣的方法也充滿了困難。因為一張相片往往會包含幾萬甚至幾十萬個星體，對比排查的任務極其艱巨，幾乎達到了肉眼不可能勝任的程度。而且需要對比的星體越多，就越容易因疏忽而丟失目標。為此，天文學家們又採用了一種新的儀器，叫做閃爍比對器（blink comparator）。這種儀器的工作原理很簡單，就是將需要對比的相片彼此疊合、快速切換。顯然，位置或亮度發生過變化的天體將會在相片的切換過程中顯示出跳躍或閃爍，從而變得很顯眼。更有利的是，閃爍比對器還可以與光學放大系統結合在一起，進一步提高解析度。有鑒於此，羅威爾天文台的天文學家們早在羅威爾還在世時，就曾多次建議羅威爾購買閃爍比對器，並在一九一一年羅威爾的生日派對上成功說服了羅威爾。

不過閃爍比對器的設想雖然高明，真正使用起來卻不是一件容易的事情，因為對同一天區的兩張相片只有在拍攝角度、曝光強度、底片沖洗等方面都保持高度的一致，才能獲得良好的閃爍比對效果。否則的話，連那些背景天體也會因為照相本身的人為差異而顯示出變化。為了獲得最佳的對比效果，湯博細心歸納了在不同天氣條件下所需的曝光時間，並選出了一些明亮天體作為校正角度的參照點。他對每個天區都進行三次拍攝，以便從中選出兩張最接近的相片進行對比。

Chapter 26
寒夜暗影

　　湯博的搜索工作從接近羅威爾預言的巨蟹座開始。起初他只負責拍攝，閃爍比對的工作則交由另一位天文學家進行。一九二九年四月十一日，湯博的搜索工作剛剛進入第五天，就成功地拍攝到了新行星的倩影。十九天後，他在對同一天區進行拍攝時再次將新行星攝入了相片。可惜的是，四月十一日的相片底片因天氣寒冷而產生了裂縫，並且記錄本身也因太接近地平線而受到了大氣折射的干擾，進一步影響了質量。負責閃爍比對的天文學家沒能從數以萬計的天體中發現這組記錄，從而錯過了一次可能的發現。這是繼羅威爾時代的兩次影像之後，新行星又一次躲過了羅威爾天文台的搜索。

　　幾個月後，負責閃爍比對的天文學家越來越忙於其他工作，很難抽出時間從事閃爍比對，湯博便決定將這項工作接到自己手上。自那以後，他每個月用一半的時間從事觀測，另一半的時間用來做閃爍比對。由於相片上的天體實在太多[1]，為避免數量壓倒質量，湯博將每張相片都分割成很多小塊，每塊包含幾百個天體。顯然，這是一項高度重複，並且極其枯燥的工作。一般來說，檢查幾平方英吋的相片就會花去一整天的時間。當然，要說其中一點興奮之處也沒有，那倒也不是，時不時地湯博會看到一些變動的天體。不過，這時可不能高興得太早，因為有很多魚目混珠的天體會讓人誤以為找到了目標。事實上，湯博在每組相片中都會看到幾十個那樣的天體。可惜它們要嘛是變星[2]，要不就是小行星、彗星或已知的行星，卻沒有一顆是新行星。這種「狼來了」的虛假天體見得多了，非但不能再帶來興奮，反而容易使人產生麻痺心理。但湯博始終保持著高度的敏銳和冷靜，既不放過半點可疑之處，也從未作出過任何錯誤的宣告。

　　又過了幾個月，一無所獲的湯博決定不再以羅威爾的預言為參考，畢竟他老人家的「預言」就像火星運河一樣，口碑並不高，再緊盯下去有在一棵樹上吊死的危險。做出了這一決定後，湯博將搜索範圍擴大到了整個黃道面的附近，他的這一決定終結了羅威爾的預言對他搜索工作的幫助，因為這時的他已經走上了類似於巡天觀測的道路。

　　一九二九年在繁忙的觀測中悄然逝去，湯博在亞利桑那州寒冷高原的觀測室裡幾乎沿黃道面搜索了一整圈。一九三〇年一月，他的望遠鏡重新轉回到了最初搜索過的天區。唯一不同的是，上一次是別人在幫他做閃爍比對，而現在卻是他本人在做。

　　一月二十一日，那個九個多月前曾經落網，卻在閃爍比對時從網眼裡溜走的暗淡天體再次出現在了湯博的相片上——當然，這時候雖然「天知地知」，湯博本人卻還不知道。一月二十三日和二十九日，在高原寒夜的極佳觀測條件下，湯博完成了對這一天區的第二和第三次拍攝。

　　二月十五日，湯博開始檢查後兩次拍攝的相片。還是老辦法，先分割，然後一片一片地進行閃爍比對。二月十八日下午四時，他在對比以雙子座 δ 星為中心的一小片天區的相片時，發現了一個亮度只有十五等的移動星體。

　　就像曾經無數次重複過的那樣，湯博對這一天體進行了仔細的查驗。四十五分鐘之後，除新行星外的其他可能性逐一得到了排除，興奮不已的湯博找到資深天文學家朗普蘭（Carl Lampland），告訴他自己終於找到了新行星。已在羅威爾天文台工作了二十八年的朗普蘭幽默地回答說他早已知道了，因為他注意到了一直忙碌著的閃爍比對器的聲音突然停止，並變成了長時間的靜寂。小夥子一定是發現了什麼。

　　很快，天文台的幾位資深天文學家與湯博一起衝進工作室，開始緊張地複查。經初步確認後，斯里弗台長決定對這一天體先進行一段時間的跟蹤觀測，然後再對外公布。斯里弗的這個決定既是出於謹慎，也暗藏著一些私心，因為他想利用這段時間積累觀測數據，以便在接下來的新行星軌道計算中奪得先機。

　　在接下來的一個月的時間裡，在天氣許可的每一個夜晚，所有其他工作通通被拋到了爪哇國，羅威爾天文台把全部的觀測力量都投入到了對新天體的觀測之中。這時候，再沒有什麼任務能比曾被當成雞肋的新行星觀

測更重要了。

一九三〇年三月十三日，羅威爾天文台正式對外宣布了發現新行星的消息。這一天是羅威爾誕辰七十五週年的日子。一百四十九年前，也正是在這一天，赫雪爾發現了天王星。

不久之後，羅威爾天文台的天文學家投票從來自全世界的候選名字中選出了新行星的名字：布魯托（Pluto），它是羅馬神話中的地獄之神。說起來令人難以置信，首先提議這一名稱的竟是英國牛津的一位年僅十一歲的小女孩，她曾經學過經典神話故事並且很感興趣，於是就提議用地獄之神命名這顆離太陽最遠，從而最寒冷的新行星[3]。在中文中，這一行星被稱為冥王星。

冥王星的發現讓崛起中的美國科學界欣喜不已，在歐洲天文界壟斷重大天文發現這麼多年之後，幸運之神終於溜躂到了美利堅，一些美國媒體興奮地將新行星稱為「美國行星」。但當時也許誰也不會想到，這個以地獄之神命名的新天體在天堂裡待了七十六年之後，竟會從行星寶座上跌落下來，墜回「地獄」。

讀者們也許還記得，湯博對冥王星的搜索，是從接近羅威爾預言的位置開始的，他曾經記錄過冥王星的位置，只是未被認出。而當他正式發現冥王星的時候，他在黃道面附近完成了一整圈的搜索，又重新回到了起始時的天區。這表明冥王星的位置距離羅威爾的預言並不遠。事實上，冥王星被發現時的位置與羅威爾一九一四年所預言的行星Ｘ在一九三〇年初的位置只相差六度[4]，這雖不像海王星的預言那麼漂亮，卻也不算太差。繼海王星之後，天體力學似乎又一次鑄造了輝煌。發現新行星的消息被宣布後的第二天，哈佛學院天文台台長沙普利（Harlow Shapley）在費城的一次小範圍演講被臨時換到了一個大場地，因為他決定在演講中加入有關新行星的消息。那一天，數以千計的聽眾擠滿了演講大廳。當久違了的羅威爾相片出現在投影儀上時，全場響起了雷鳴般的掌聲。聽眾們用發自內心

的掌聲向這位已故的天文學家致敬。此情此景，因研究火星運河而遭冷遇的羅威爾若泉下有知，也當含笑了。

　　但是，冥王星的發現果真是繼海王星之後天體力學的又一次偉大勝利嗎？

[1] 湯博的每張相片平均約包含十六萬個天體，對銀河系中心方向拍攝的相片上則有多達一百萬個天體。

[2] 變星通常顯示為亮度變化的天體，與移動天體明顯不同。但有些變星在亮度變小後會因為比相片所能記錄的最暗淡的天體還要暗，而從相片中消失，這樣的變星在閃爍比對時很像是一顆移出（或移入）相片範圍的移動天體。

[3] 布魯托（Pluto）這位地獄之神還被用於命名一九三四年發現的第九十四號元素鈽（plutonium）。一九四五年八月九日，用這一元素製作的原子彈將日本城市長崎帶入了地獄。

[4] 冥王星被發現時的位置距皮克林一九二八年修正後的行星 O 的位置也只差六度左右，不過皮克林的計算信譽太低，很少有人當真。

Chapter 27
大小之謎

　　冥王星被發現之後，天文學家們很快就對它的軌道及大小進行了研究。在這兩方面，冥王星都顯現出很大的特異性。這其中軌道研究相對比較容易，短短幾個月後就大體確定了主要的軌道參數，其中半長徑約為三十九‧五天文單位，橢率約為〇‧二四八，傾角約為 17.1°。與其他八大行星相比，這是一個相當另類的軌道，它的橢率與傾角都是創紀錄的。由於軌道橢率很大，冥王星有時甚至會比海王星離太陽更近，這種軌道交錯現象在已知行星中是絕無僅有的。而由於軌道傾角很大，冥王星在多數時候都處在離黃道面較遠的位置上，因而特別不易被發現。但幸運的是，湯博搜索冥王星的那段時間，恰好是冥王星離黃道面較近的時候。

　　冥王星的軌道參數雖然很快就被確定了，但確定它的大小——這個大小既是幾何意義上的，也是質量意義上的——卻向天文學家們提出了一個極大的挑戰。因為人們很快就發現，無論用什麼樣的望遠鏡也無法讓冥王星顯示出行星應有的圓面。自望遠鏡問世以來，除了將小行星當成行星的那些年（參閱第七章）外，這種無法顯示行星圓面的情形還從未發生過。當然，天文學家們對此倒也並非無心理準備，冥王星被發現時的亮度只有十五等，比人們預期的暗淡得多 [1]，除非冥王星表面物質的反光率低得異乎尋常，否則這樣的暗淡只能有一個解釋：那就是冥王星比人們預期的小得多。

　　那麼冥王星究竟有多小呢？天文學家們用了幾十年的漫長時光才搞明白了答案。

　　由於無法觀測到圓面，天文學家們慣用的通過幾何手段確定行星直徑的方法在冥王星這裡遭到了滑鐵盧，取而代之的是通過亮度間接推斷直徑這一不太可靠的方法。這一方法之所以不可靠，是因為行星的亮度與直徑並不存在固定的關係。同樣亮度的行星，若表面物質的反光率高，它的直徑就小；反之，若表面物質的反光率低，則直徑就大。對於像冥王星那樣遙遠的新行星，當時的天文學家們並無任何辦法確定其表面物質的反光率，因此雖然知道亮度，卻無法準確估計它的直徑。既然連直徑都無法準

確估計，對質量的估計自然就更困難了，因為後者還依賴於一個新的未知數：冥王星物質的平均密度。

雖然沒有可靠的方法，天文學家們還是對冥王星的質量進行了粗略估計。一九三〇年至一九三一年間，天文學家們估計的冥王星質量約在〇·一到一個地球質量之間。與現代數據相比，這是非常顯著的高估。但即便是這些高估了的數據，也立刻就對羅威爾有關冥王星的「預言」造成了毀滅性的打擊。讀者們也許還記得，我們在第二十四章中曾經介紹過，羅威爾給出的行星 X 的質量約為地球質量的六·六倍。如果冥王星的實際質量只有〇·一到一個地球質量，那它對天王星或海王星軌道的影響顯然要遠遠小於羅威爾的計算，而羅威爾通過那種錯誤的影響對冥王星位置所作的反推則不可能是正確的。因此在冥王星被發現後不久，人們就已意識到，冥王星的發現並不是海王星神話的重演。冥王星在距羅威爾的預言只差六度的地方被發現，是純粹的巧合 [2]。

有讀者也許會問：我們在第二十章中曾經提到過，亞當斯與勒維耶對海王星質量及軌道的預測與海王星的實際參數也有不小的出入。為什麼那些出入並不妨礙我們將海王星的發現視為重大的天體力學成就呢？這首先是因為，亞當斯與勒維耶的海王星軌道計算是依據確鑿存在的天王星出軌現象進行的，因此其觀測依據是充分的；其次，一九七〇、八〇年代曾有人對亞當斯與勒維耶的計算細節進行了「複盤」，結果表明他們的計算細節也是完全有效的 [3]。反觀羅威爾有關冥王星的「預言」，雖然在計算方法上效仿了勒維耶，但它依據的所謂天王星與海王星的「出軌」數據是子虛烏有的，因而整個計算只是一場「空對空」的演練。另一方面，由於羅威爾的「預言」很快就被判定為無效，後人也就沒興趣去覆核他的計算細節了，他在這方面犯錯的可能性也是完全存在的。因此，對冥王星的「預言」並不是海王星神話的重演，不僅在理論上不是，而且在實際上——如我們在上章中所說——也並未對冥王星的發現造成引導作用，冥王星的發現者湯博是在搜遍了黃道面之後才發現冥王星的。

　　雖然羅威爾有關冥王星的預言很快就被推翻了，但人們對冥王星大小的推算卻仍在繼續。直到冥王星被發現四十年後的一九七〇年代初，人們對冥王星質量的估計仍大體維持在〇‧一到一個地球質量之間，這些估計與現代值相比都大得離譜。雖然推算冥王星的質量不是一件容易的事情，但在那麼多年的時間裡，那麼多天文學家所作的那麼多估算竟然一面倒地巨幅高估冥王星的質量，這其中不能說沒有心理上的原因。這原因就是自木星開始，太陽系的外行星是清一色的巨行星，而冥王星又一經發現就被認定為是行星。雖然冥王星已絕無可能是巨行星，但天文學家們顯然還沒有足夠的心理準備來接受有關它大小的真相。

　　我們在前面說過，同樣亮度的行星，表面物質的反光率越低，相應的直徑就越大。為了讓冥王星維持一個體面的大小，天文學家們不惜將它「抹黑」為一個表面反光率極低、如同巨型煤球一樣的天體。而事實上，在冥王星那樣遙遠而寒冷的行星上，很多氣體都能凝結成冰，冥王星是一個具有較高表面反光率的「冰球」的可能性要比它是「煤球」的可能性大得多。這一顯而易見的可能性被錯誤地矇蔽了幾十年，直到一九七〇年代中期，才終於被確立了起來。反光率的調整立即對冥王星的質量估算產生了巨大影響，它的質量估計值一舉縮小了兩個數量級，不僅比所有其他行星都小得多，甚至變得比月球還小。這也為它日後的命運沉淪埋下了種子。

圖 13 從冥衛三看冥王星與凱倫（冥衛一）的藝術想像畫

　　不過，依靠對那樣遙遠的一個天體的表面反光率及物質密度的研究來推斷其質量，無論如何只能算是下策。估計冥王星質量的最佳途徑，顯然是越過所有這些與冥王星物質有關的細節來直接估計其質量。這樣的途徑在一九七八年成為了現實。一九七八年六月二十二日，美國海軍天文台（Naval Observatory）的天文學家們發現了冥王星的衛星凱倫（Charon，希臘神話中擺渡亡靈的神）（圖 13）。在行星天文學上，一顆行星一旦被發現有衛星，我們就可以通過觀測衛星的運動來測定該行星的引力場，既而推斷其質量，這是測定天體質量最有效的手段之一。因此凱倫的發現為直接估計冥王星的質量提供了極好的條件。（請讀者們想一想，中學物理課本中的哪一條定律有助於利用凱倫來確定冥王星的質量？）[4]

　　如今我們知道，冥王星的質量只有地球質量的百分之零點二一（圖14），它絕不可能是羅威爾或其他任何人所預言的海外行星，它對天王星和海王星的引力攝動甚至還不如作為內行星的地球對它們的引力攝動來

得大。一九九三年，美國加州噴氣動力實驗室的科學家斯坦迪什（Erland Myles Standish, Jr）利用「航海家一號」太空船所獲得的有關木星、土星、天王星和海王星的最新質量數據重新計算了外行星的軌道攝動，並再次證實了的確不存在天王星和海王星的出軌問題，不存在需要用新行星來解釋的偏差。冥王星的發現完全是一個多重錯誤導致的奇異果實：羅威爾對冥王星軌道的計算是依據錯誤數據所做的無效分析；湯博對冥王星的搜索則是源於羅威爾天文台對一個錯誤心願的盲目繼承。

圖 14 冥王星（左上）與地球的大小對比

而所有這一切的錯誤之所以最終結出了一個如此美麗的果實，全靠湯博在寒冷的亞利桑那高原上為期十個月的頑強搜索，這是整個冥王星故事中唯一的必然。

[1] 比如羅威爾所預測的冥王星亮度為十三等。

[2] 這一巧合的概率並不很小，因為羅威爾對行星 X 的位置預言其實有兩處（彼此相差
180°），在其中任何一處的左右 6° 範圍之內發現新行星的概率約為 1/15（請讀者自行
計算一下）。

[3] 1970 年，一位名叫布魯克斯（C.J.Brookes）的研究者對亞當斯的方法進行了分析，結論是
它的確可以得到精度在幾度之內的結果。1980 年，另一位研究者巴格代迪（Baghdady）
對勒維耶的方法進行了複盤，結果得到了誤差僅為 16 ´ 的結果。這些驗證表明亞當斯與
勒維耶的計算方法都是有效的。

[4] 透過凱倫的運動直接測定的其實是冥王星與凱倫這一行星 - 衛星系統的總質量。對於其他
行星來說，這幾乎就等於行星的質量。但冥王星與凱倫卻是一個引人注目的例外，因為凱
倫的質量相當大（約為冥王星質量的 11.65%）。因此用引力效應測定冥王星的質量時還牽
涉到確定凱倫與冥王星的相對質量這一額外的複雜性。

Chapter 28
深空隱祕

發現冥王星之後，湯博並未離開尋找太陽系疆界的孤獨事業，他投入了另外十三年的漫長時光，繼續搜索更遙遠的行星。他的搜索範圍超過了整個夜空的三分之二，他所涵蓋的最低亮度達到了十七等，他對比過的天體多達九千萬個。在那十三年裡，他發現了六個星團、十四顆小行星及一顆彗星，但卻沒能發現任何冥王星以外的新行星。

那麼，冥王星軌道是否就是太陽系的疆界呢？既然觀測一時還無法回答這個問題，天文學家們便展開了理論上的探討。不過那探討不再是像亞當斯與勒維耶那樣的精密計算。由於冥王星的發現已屬巧合，在那之後的天文學家們即使在做夢的時候，恐怕也很少會再幻想重演一次筆尖上預言新行星的奇蹟了。但是，精密的預言雖不可能，粗略猜測一下太陽系的疆界在哪裡卻還是可以的。

那樣的猜測幾乎立刻就出現了。冥王星發現之初，美國加州大學的天文學家利奧納德（Frederick C. Leonard）就猜測冥王星的發現有可能意味著一系列海外天體（trans-Neptunian object，TNO）將被陸續發現。應該說，在經歷了天王星、海王星及冥王星的發現之後，單純做出這樣一個猜測已無需太高級的想像力了。不過，比單純猜測更有價值的是，一九四三年愛爾蘭天文學家埃奇沃斯（Kenneth Edgeworth）提出的稍具系統性的觀點。

在介紹埃奇沃斯的觀點之前，讓我們稍稍介紹一下太陽系的起源學說。在科學上，幾乎任何東西——人類、生命、地球乃至宇宙——的起源都是值得探究的課題，太陽系的起源也不例外。自十八世紀康德（Immanuel Kant）和拉普拉斯（Pierre-Simon Laplace）彼此獨立地提出了著名的星雲假說以來，天文學家們關於太陽系起源的主流觀點是，太陽系是由一個星雲演化而來的。這其中行星的形成，乃是來自於星雲盤上的物質彼此碰撞吸積的過程。

按照這種理論，行星形成過程的順利與否與星雲物質的密度有很大的

關係。星雲物質的密度越低，則引力相互作用越弱，星雲盤上物質相互碰撞的幾率越小，從而吸積過程就越緩慢，行星的形成也就越困難。當星雲物質的密度低到一定程度時，行星的形成過程有可能緩慢到在太陽系迄今五十億年的整個演化過程中都無法完成，而只能造就一些「半成品」：小天體。埃奇沃斯認為，海王星以外的情形便是如此。那裡的星雲物質分布是如此稀疏，以至於行星的形成過程無法進行到底，而只能形成為數眾多的小天體。由此他提出，人們將會在海王星之外不斷地發現小天體，且那些小天體中的某一些會偶爾進入內太陽系，成為彗星。

無獨有偶，一九五一年，美籍荷蘭裔天文學家古柏（Gerard Kuiper）也注意到了太陽系物質分布在海王星之外的急劇減少。與利奧納德類似，他也認為那樣的物質分布會形成一系列小天體而非大行星[1]。但與利奧納德以及後來的天文學家們不同的是，古柏認為那些曾經存在過的小天體早已被冥王星的引力作用甩到了更遙遠的區域，不會再存在於距太陽三十至五十天文單位的區域中了。換句話說，他認為在

美籍荷蘭裔天文學家
古柏（1905～1973）

冥王星軌道的附近曾經有過大量的小天體，但目前已不復存在。在這點上，古柏犯了一個可以原諒的錯誤，他以為冥王星的質量接近於地球質量（這在當時被認為是有可能的），從而有足夠的引力來做到這一點。而事實上，如我們在上一章中介紹的，冥王星的質量只有地球質量的百分之零點二一。

埃奇沃斯與古柏的想法在接下來的十年間並未引起重視。但常言道：是金子總會發光的。一個合理的想法縱然一時沉寂，終究還是會復活的。一九六二年，在美國工作的加拿大天文學家卡麥隆（Alastair Cameron）提出了類似的看法。兩年後，美國天文學家惠普爾（Fred Whipple）也加入

了這一行列。惠普爾的研究比前面幾位更加深入，除了猜測在海王星之外存在類似於小行星帶的結構外，他還試圖研究那些小天體對天王星和海王星軌道的攝動，但沒能得到可靠的結果。一九六七年，惠普爾及其合作者又研究了七顆軌道延伸到天王星之外的彗星，試圖尋找來自海外天體的引力干擾，結果也未發現任何可察覺的干擾。由此他們估計出那些小天體——如果存在的話——的總質量必定遠小於地球質量。他們的這一估計在如今看來是頗有前瞻性的，但在當時卻是一個有點令人沮喪的結果，因為它意味著觀測那些小天體將會是一件非常困難的事情。

　　除了這些從太陽系起源角度所做的分析外，天文學家們從另一個完全不同的角度出發，也殊途同歸地提出了海王星以外存在大量小天體的假說。這個不同的角度便是彗星的來源。彗星是太陽系中最令人矚目的天體，當它們拖著美麗的尾巴（彗髮）出現在天空中時，常常是萬人爭睹的天象。天文學家們注意到，太陽系中的彗星按軌道週期的長短大致可分為兩類：一類是長週期彗星，它們的軌道週期在兩百年以上，長的可達幾千、幾萬、甚至幾百萬年。另一類則是短週期彗星，它們的軌道週期在兩百年以下，短的只有幾年。短週期彗星的存在給天文學家們帶來了一個難題。因為這些彗星上能夠形成彗髮的揮發性物質會因頻繁接近太陽而被迅速耗盡，而且它們的軌道也會因反覆受到行星引力的干擾而變得極不穩定。計算表明，短週期彗星的存在時間應該很短，相對於太陽系的年齡來說簡直就是彈指一瞬。但我們卻在直到太陽系誕生五十億年之後的今天仍能觀測到不少命如蜉蝣般的短週期彗星，這是為什麼呢？天文學家們認為，唯一的可能是太陽系中存在一個短週期彗星的補充基地。

　　這個短週期彗星的補充基地究竟在哪裡呢？一九八〇年，烏拉圭天文學家斐迪南（Julio Fernández）提出了一個後來被普遍接受的假說，即短週期彗星來自海王星之外的一個小天體帶。他並且推測那些小天體的視星等約在十七到十八之間（比湯博曾經搜索過的天體更暗，但這個亮度後來被證實為仍是顯著的高估）。在他頗具影響力的論文中，斐迪南援引了古

柏的文章，卻忽略了埃奇沃斯的工作。斐迪南的這一粗心大意導致的後果是，人們多少有點烏龍地用古柏的名字命名了那個小天體帶。而事實上，如我們在上面提到的，在所有曾經猜測過那個小天體帶的天文學家中，古柏幾乎是唯一一個認為它目前已不復存在——從而與斐迪南的假說及後來的觀測結果截然相反——的人。斐迪南的假說提出之後，一九八八年，幾位在美國加州大學及加拿大多倫多大學工作的天文學家透過電腦模擬，對這一假說進行了檢驗。他們的檢驗表明，由那樣一個小天體帶所產生的短週期彗星無論在數量還是軌道分布上都與實際觀測有著不錯的吻合。

因此，到了一九八○年代末，來自不同角度的理論分析均表明，在海王星的軌道之外很可能存在一個小天體帶，它是行星演化過程中的半成品，同時也是短週期彗星的大本營。但到那時為止，那個遙遠的天區除了一顆孤零零的冥王星外，在觀測意義上還是一片虛空。

距離給了外太陽系神祕的面紗，天文學家們卻要揭開面紗來尋找隱祕。

[1] 古柏並未在自己的論文中提及埃奇沃斯的工作，這一點使得後來有歷史學家對他是真的不
知道埃奇沃斯的工作，還是暗中「借用」了對方的想法產生了疑問。

Chapter 29
巔峰之戰

　　在經歷了追捕小行星的波折，發現海王星的紛爭，搜尋火神星的未果，以及預言冥王星的虛無之後，在太陽系邊緣搜索新天體的苦力活早已失去了往日的魅力。行星這個曾經神聖的概念漸漸變成了如美國物理學家費曼（Richard Feynman）在其名著《費曼物理學講義》中所說的「那八個或十個遵循相同物理定律，由同樣的塵埃雲凝聚而成的球體」。在二十世紀天文學發展的迅速浪潮中，行星天文這個最古老的分支甚至一度整體性地淪落為了二流學科，以至於一九六〇年代，當美國國家航空暨太空總署（NASA）為行星探測計劃尋求諮詢時，為天文學家們在這一分支上的知識貧乏而感到驚訝。後來，隨著六、七十年代美國與前蘇聯的一系列無人探測器計劃的成功實施，行星天文學雖然重新成為了焦點領域，但與此同時，行星天文學家們的目光卻也被吸引到了行星地貌、行星物理、行星化學等新興方向上，對搜索新天體的興趣依然低迷。

　　不過，當有關海外天體的猜測變得越來越言辭鑿鑿時，外太陽系的奧祕終於還是再次引起了一小部分天文學家的關注與喜愛。這其中麻省理工學院的一位天文學家決定化「愛心」為行動，展開對海外天體的觀測搜索。這位天文學家名叫朱維特（David Jewitt），來自英國。朱維特七歲那年曾有幸目睹過一次流星雨，年幼的他被天象的美麗與神奇所吸引。一九七〇年代後期，美國國家航空暨太空總署發布的美輪美奐的行星及衛星圖像再次打動了當時正在倫敦念大學的朱維特。他決定選擇行星天文學作為自己的專業，並前往美國念研究所。一九八三年，朱維特在美國加州理工大學獲得了博士學位，隨後成為了麻省理工學院的助理教授。在那裡，他遇到了重要的學術合作夥伴劉麗杏（Jane Luu）[1]。劉麗杏是一位出生於越南的女孩，一九七五年隨父母逃難來到美國。與朱維特一樣，劉麗杏也是被美國國家航空暨太空總署的行星與衛星圖像所吸引，而選擇了行星天文學作為自己的專業。朱維特在麻省理工學院的時候，劉麗杏正在那裡念研究所。

　　一九八七年的某一天，當朱維特和劉麗杏在系裡相遇時，朱維特提議

劉麗杏參與自己即將開始的搜索海外天體的工作。這是自冥王星被發現之後將近半個世紀的時間裡極少有人問津的冷門觀測。劉麗杏問朱維特：「為什麼要做這樣的觀測？」朱維特的回答是：「如果我們不做，就沒人做了。」聽起來頗有幾分「我不入地獄，誰入地獄」的悲壯。劉麗杏被這個簡短的回答所打動，一場歷時五年的漫長搜索由此揭開了序幕。

朱維特與劉麗杏最初的觀測地點是位於亞利桑那州的美國基特峰國家天文台（Kitt Peak National Observatory）及南美洲的托洛洛山美洲際天文台[2]，他們最初採用的觀測方法類似於湯博當年所用的方法，即通過對間隔一段時間拍攝的同一天區的相片進行閃爍比對，來尋找緩慢運動的天體。當然，半個世紀之後的朱維特與劉麗杏所擁有的設備已非湯博當年可比，唯一不變的是任務本身的繁重、枯燥，以及用眼過度產生的疲憊。經過了一段時間的搜索，朱維特與劉麗杏一無所獲，他們辛苦尋獲的運動天體無一例外地被證實為是已知天體、底片缺陷、灰塵或宇宙射線造成的影像。

幸運的是，就在這時，一項讓整個光學觀測領域脫胎換骨的新興技術——電荷耦合器件（Charge Coupled Device，CCD）——進入了天文界。CCD 是一九六九年由美國貝爾實驗室（Bell Labs）的兩位科學家發明的、一種可以取代傳統底片的感光器件。CCD 的最大優點是具有極高的敏感度，能對百分之七十甚至更多的入射光作出反應，而普通照相底片的這一比例還不到一成。真是不比不知道，一比嚇一跳。要知道朱維特與劉麗杏所尋找的是離太陽幾十億公里之外的小天體，它們自身並不發光，全靠其表面反射的太陽光才能被我們所發現。在那樣遙遠的距離上，太陽的光芒只有約一億億分之一能夠照射到那些小天體上。那部分光線有的被吸收，有的被反射，那些反射光必須再次穿越廣袤的行星際空間，其中只有約一萬億分之一能夠來到地球。而在那「億里迢迢」來到地球的反射光中，恰好能進入望遠鏡的又只有其中的約一百萬億分之一。這是何等寶貴的「星星之火」？可這寶貝卻還要被該死的照相底片忽略掉百分之九十以

上，這真是「生可忍，熟不可忍」（韋小寶語）。

因此 CCD 的使用對於觀測天文學來說堪稱是一場革命。不過 CCD 雖然在感光性能上遙遙領先於普通底片，在一開始卻也有一個很大的缺陷，那就是像素太少。朱維特與劉麗杏最初使用的 CCD 的有效像素僅為 242×276，相當於如今一台普通數位相機像素數量的百分之一。由此帶來的後果是，每張 CCD 相片涵蓋的天區面積只有他們以前所用的普通光學相片的千分之一。換句話說，原先分析一組相片就能涵蓋的天區，如今卻要分析一千組相片。但幸運的是，CCD 所採用的獨特的感光方式為電腦對比相片開啟了方便之門，從而大大減輕了對肉眼的依賴。而更重要的是，對於特別暗淡的天體，普通底片有可能因為敏感度不夠而無法記錄，這時 CCD 的優勢更是無與倫比。因此，當 CCD 進入天文觀測領域後，朱維特與劉麗杏便決定用它取代照相底片。

這時候，朱維特與劉麗杏的觀測地點也發生了變化。一九八八年，朱維特接受了夏威夷大學天文研究所的一個職位。不久，劉麗杏也來到了夏威夷，兩人利用夏威夷大學所屬的毛納基天文台（Mauna Kea Observatory）（圖 15）的一台口徑二‧二四公尺的望遠鏡繼續他們的海外天體搜尋工作。毛納基是夏威夷語，含義是「白山」，那裡常年積雪，而毛納基天文台的所在之處正是白山之巔，海拔高達四千兩百公尺（比湯博所在的羅威爾天文台高了一倍）。那裡的空氣稀薄而乾燥，氧氣的含量只有海平面的百分之六十，常人在那裡很容易出現高原反應，大腦的思考及反應能力也會明顯下降。為了減輕高原反應的危害，天文學家們像登山者一樣，在海拔較低（三千公尺）的地方建立了營地。要去天文台的天文學家通常提前一晚就來到營地過夜，以便讓身體提前適應高原的環境，然後在第二天晚飯之後駕駛越野車前往天文台。在那裡，朱維特與劉麗杏夜復一夜地進行著觀測。當他們感到疲憊的時候，有時朱維特會放上一段重金屬音樂，有時則劉麗杏會放上一段經典音樂，控制室裡響徹著時而激揚、時而舒緩的樂曲。

圖 15 毛納基峰上的觀測台

　　這樣的日子一晃就是四年，其間劉麗杏完成了自己的學業，並獲得了哈佛大學的博士後職位，但她仍時常回到毛納基天文台，與朱維特一起，在那白山之巔的稀薄空氣裡繼續著對海外天體的執著搜索。儘管一次次的努力換來的只是一次次的失望，但他們鍥而不捨地堅守著這份孤獨的事業。幸運的是，在那四年中，CCD 的技術有了長足的發展，解析度由最初的 242×276 提高到了 2048×2048，從而大大提升了搜索效率。在毅力、耐力和技術這三駕馬車的共同牽引下，朱維特與劉麗杏這場巔峰之戰的勝利時刻終於來臨。

　　一九九二年八月三十日，在對比兩張 CCD 相片時，一個緩慢移動的小天體引起了朱維特的注意。一般來說，距離太陽越遠的天體運動得越慢，從那個天體的移動速度來看，它與太陽的距離似乎有六十天文單位。換句話說，這似乎是一個海外天體。當然，僅憑兩張相片的對比是不足以作出結論的，於是他們對該天區進行了反覆的拍攝與對比，結果證實這一天體的確是在緩慢地運動著，而且其運動速度所顯示的距離的確是在海王星軌道之外，因此的確是一個海外天體。

　　朱維特與劉麗杏終於成功了。四年了，他們在這彷彿伸手便可摘到

星星的巔峰之上苦苦尋找，運氣卻彷彿遠在星辰之外。沒想到成功竟然就在今夜，這一刻真讓人猝不及防！朱維特與劉麗杏興奮得像兩個大孩子一樣在觀測室裡又蹦又跳。他們將這一消息通告了國際天文聯合會（International Astronomical Union）所屬的小天體中心（Minor Planet Center）[3]。九月十四日，小天體中心的天文學家馬斯登（Brian Marsden）正式公布了這一發現，並確定了該天體的臨時編號：1992QB$_1$，[4]。據測定，1992QB$_1$ 的軌道半長徑約為四十四天文單位（比朱維特最初估計的要小，但的確是在海王星軌道之外），直徑約為一百六十公里。

[1] 按照用姓氏稱呼外國人名的慣例，Jane Luu 應該被稱為劉，考慮到一個字的中文名用起來比較彆扭，本書將 Jane Luu 按原名譯為劉麗杏。
[2] 我們曾在第二十章中提到過這個天文台，海王星檔案就是在那裡失而復得的。托洛洛山美洲際天文台雖遠在智利，卻是美國國家光學天文台（National Optical Astronomy Observatory）的一部分。
[3] Minor Planet Center 若直譯，應為「小行星中心」，但考慮到中文的「小行星」一詞往往特指由英文 asteroid 所表示的小行星帶中的小天體，因此本書將之譯為「小天體中心」。
[4] 自一九二五年以來，天文界採用了以發現年份外加兩個英文字母作為小天體臨時編號的做法。其中第一個字母（I 與 Z 不出現）表示發現小天體的半月，從一月上半月的 A 到十二月下半月的 Y。第二個字母（I 與 Z 同樣不出現）則按照小天體在該半月中的發現順序排列。如果該半月中發現的天體數目超過二十四個，則以下標表示字母被重複使用的次數。請讀者按照這一命名規則推算一下 1992QB$_1$ 是哪一個半月發現的？以及它是該半月中被發現的第幾個小天體？

Chapter 30
玄冰世界

　　1992QB$_1$ 的發現是人類在尋找太陽系疆界的征途上取得的又一個重要進展。不過在一開始，有些天文學家對 1992QB$_1$ 是否真的是海外天體還心存疑慮。比如小天體中心的馬斯登，他雖然親自宣布了 1992QB$_1$ 被發現的消息，但其本人卻是懷疑者中的一員。他認為 1992QB$_1$ 有可能只是一個軌道橢率很大的天體，這樣的天體雖然遠日點距離很大，但絕大多數時間其實都處在海王星軌道以內，從而算不上是貨真價實的海外天體。馬斯登甚至為自己的猜測與朱維特打了五百美元的賭。

　　這個賭局很快就有了結果。一九九三年三月二十八日，朱維特與劉麗杏發現了第二個海外天體，臨時編號為 1993FW。1993FW 的軌道及大小都與 1992QB$_1$ 相似，它的發現極大地動搖了馬斯登的懷疑，因為天文學家們在對這兩個天體的軌道計算中犯下同樣錯誤，一錯再錯地把軌道橢率很大的天體誤當成海外天體的可能性是很小的。此後不久，更多的海外天體被陸續發現，從而越來越清楚地表明它們正是理論家們幾十年前所猜測的那個海外小天體帶的成員。一九九四年，當海外天體的數量增加到六個（其中四個是朱維特與劉麗杏發現的）時，馬斯登終於「投降」，乖乖交出了五百美元。

　　與當年發現小行星帶的情形相類似，隨著觀測技術的持續改進，以及受第一輪發現的吸引而對海外天體感興趣的觀測者的增多，海外天體的發現不斷提速，在熱鬧的年份裡一年就能發現一兩百個（當然，它們的發現也因此而很難再登上新聞標題了）。不過，由於距離遙遠，加上體形苗條，海外天體大都極其暗淡，視星等通常在二十以上，不到冥王星被發現時的亮度的百分之一；加上觀測海外天體在各大天文台的任務排行榜上的地位較低，因此被發現的海外天體因未能及時跟蹤而重新丟失的比例也大得驚人，有時竟達百分之四十。尋找海外天體的努力，彷彿是往小學數學題裡那個開著排水口的水池裡灌水，一邊找，一邊丟。不過在一群像朱維特與劉麗杏那樣執著的天文學家的努力下，得到確認的海外天體（圖 16）的數量還是穩步增長著。截至二〇〇八年三月，被小天體中心記錄的海外

天體數量已經超過了一千三百，它們的表面大都覆蓋著由甲烷、氨、水等
物質組成的萬古寒冰。

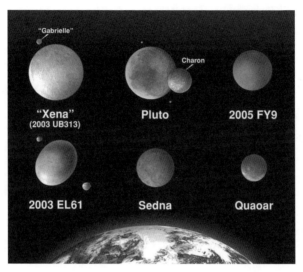

圖 16 若干直徑較大的海外天體（下方為地球）

　　隨著數量的增加，天文學家們對海外天體按其軌道特徵進行了粗略
的分類，其中距太陽三十到五十五天文單位的海外天體被稱為古柏帶天
體（Kuiper belt object），它們構成了所謂的古柏帶。我們在第二十八章中
曾經提到，「古柏帶」這一名稱其實有點烏龍，因為在曾經猜測過這一小
天體帶的天文學家中，古柏的觀點偏偏是認為它們如今早已不復存在，從
而與觀測結果完全不符。不過，古柏是一位對現代行星天文學有過重要影
響，甚至被一些人視為現代行星天文之父的天文學家，用他的名字命名一
個天體帶也不算過分。據估計，古柏帶中直徑在一百公里以上的天體可能
有幾萬個之多，目前已被發現的還只是冰山之一角。

　　另一方面，古柏帶天體相對於全部海外天體來說也同樣只是冰山之一
角。在發現古柏帶的過程中，人們也發現了一些離太陽更遠的天體，那些
天體被稱為離散盤天體（scattered disc object），它們的軌道橢率通常很
大，軌道傾角的範圍也比古柏帶天體寬得多，它們的遠日點比古柏帶天體

離太陽遠得多，但近日點卻往往延伸到古柏帶，個別的甚至會向內穿越海王星軌道。一般認為，離散盤天體最初也形成於古柏帶之中，後來是因為受到外行星的引力干擾而被甩離了原先的軌道。有鑑於此，天文學家們有時將離散盤天體稱為離散古柏帶天體（scattered Kuiper belt object）[1]。

人們早期發現的海外天體的直徑大都在一兩百公里左右，但漸漸地，一些更大的天體也被陸續發現了。（請讀者想一想，哪些因素有可能導致那些更大的海外天體反而較遲才被發現？）下表[2]列出了其中較有代表性的幾個（其中「正式編號」是小天體中心在軌道被確定後指定給小天體的編號）：

正式編號	臨時編號	名稱	直徑／公里
19308	$1996TO_{66}$		～ 900
20000	$2000WR_{106}$	Varuna	780 ～ 1016
55565	$2002AW_{197}$		890 ～ 977
50000	$2002LM_{60}$	Quaoar	1200 ～ 1290
84522	$2002TC_{302}$		710 ～ 1200
136108	$2003EL_{61}$	Haumea	1200 ～ 2000
90482	2004DW	Orcus	990 ～ 1500

這些天體的大小都接近或超過了最大的小行星——穀神星（穀神星的直徑約為九百六十公里）。看來這遙遠的玄冰世界裡還真是別有洞天。不過，這些天體與行星世界的小弟弟，直徑約兩千三百公里的冥王星相比終究還是偏小了一點。

但就連這一點也在二〇〇五年的新年伊始遭遇了挑戰。

二〇〇五年一月五日，美國加州理工大學的行星天文學家布朗（Michael Brown）在檢查一年多前（二〇〇三年十月二十一日）他與北雙子天文台（Gemini North Observatory）的天文學家特魯吉羅（Chad Trujillo）及耶魯大學的天文學家拉比諾維茨（David Rabinowitz）拍攝的相片時，發現了一個新的海外天體。按照相片拍攝的時間，這一天體的編號被確定為 $2003UB_{313}$。$2003UB_{313}$ 是一個軌道橢率很大的天體，它被發現

時正處於距太陽約九十七・五天文單位的遠日點。在那樣遙遠的距離上仍能被觀測到，可見其塊頭一定小不了。據布朗估計，2003UB$_{313}$ 的直徑起碼比冥王星大百分之二十五 [3]。這一估計在行星天文學界引起了很大的震動。因為自冥王星被發現以來，這還是人們首次在太陽系中發現比冥王星更大，同時又不是衛星的天體。毫無疑問，像 2003UB$_{313}$ 那樣的龐然大物應該有一個專門的名稱，它曾被暫時命名為齊娜（Xena），後來被正式定名為厄莉絲（Eris）。這是希臘神話中的爭吵女神，著名的特洛伊之戰（Trojan war）就是在她的煽風點火之下引發的。在中文中，這一天體被稱為鬩神星。

這位不太淑女的女神很好地預示了她即將帶給天文學家們的東西：爭吵，有關行星定義的爭吵。

---

[1] 離散古柏帶天體還包括所謂的半人馬小行星（centaurs），那也是一些軌道橢率很大的小天體，只不過與離散盤天體的向外離散恰好相反，它們是向內離散的，其軌道通常分布於木星軌道與海王星軌道之間。

[2] 表格中的數據是早期的估計值，大都有些偏高。天文學家們一直在對海外天體的大小進行觀測和修正，比如 20000Varuna 的直徑後來（二〇〇七年）透過斯皮策太空望遠鏡（Spitzer Space Telescope）的觀測而被修正為五百公里左右。

[3] 這一估計有些偏高，目前人們對 2003UB$_{313}$ 直徑的估計為（2400±100）公里，只比冥王星略大，不過它的質量要比冥王星大百分之二十八左右，這一點由於它與冥王星分別存在衛星而得到了比它們的直徑對比更為可靠的確立。

Chapter 31
冥王退位

閱神星的發現向天文學家們提出了一個問題，那就是：它究竟是不是行星？這原本不應該成為問題的，因為閱神星既然比冥王星還大，當然應該算是行星。但問題是，在閱神星之前，人們已經發現了大量的海外天體，並且已經接受了海外天體是行星演化過程中的半成品的想法。在這種背景下要接受閱神星為行星是有難度的。更何況，海外天體中還包含了其他一些大小可觀的成員。除上章列出的夸歐爾（Quaoar，美國原住民神話中的創世之神，中文名稱為創神星），哈烏美亞（Haumea，美國夏威夷神話中掌管生育的女神，中文名稱為妊神星）及奧迦斯（Orcus，羅馬神話中的死亡之神，中文名稱為死神星）等外，還有與閱神星同一天被宣告發現的馬奇馬奇（Makemake，復活節島上的造物之神，正式編號為136472，發現時的臨時編號為 2005FY$_9$，中文名稱為鳥神星），它的直徑也有一千三百至一千九百公里。這些天體雖比冥王星小，但相差並不多，如果閱神星和冥王星可以算作是行星，那它們是否也應該算是行星呢？

當人們開始提出這樣的問題時，一個更基本的問題也隨之浮出了水面：究竟什麼是行星？

就像其他很多習以為常的概念一樣，人類知道行星的存在雖有漫長的歷史，卻從未給它下過明確的定義。在歷史上，人類對行星的認定極少發生爭議，而且即便發生爭議，也要麼很快就被解決（比如有關小行星地位的爭議），要麼所爭之處並非行星的定義（比如對地球地位的爭議），從而並未觸及行星定義的必要性。

可現在的情況完全不同了。要知道冥王星行星資格的由來有著很大的偶然性：它一開始就被錯誤地當成了羅威爾的行星X，可以說是將行星寶座當成嬰兒床，直接就誕生在了那裡。爾後又在很長的時間內被誤認為可能有地球那麼大。後來雖一再「瘦身」，但生米早已煮成熟飯，再說「瘦死的駱駝比馬大」，冥王星雖小，比小行星終究還是大得多，因此其身份雖遭到過懷疑，卻像一位有經驗的潛伏人員那樣有驚無險地挺了過來[1]。但隨著海外天體的陸續登場，冥王星除在個頭上遭到挑戰外，它隱匿多年

的一樁「劣跡」也得到了曝光。我們知道，當年小行星們之所以被剝奪行星資格，除個頭太小外，還因為它們犯有一項「重罪」，那就是「非法聚眾」。現在冥王星顯然也犯下了同樣的「罪行」。在這種情況下，擺在天文學家們面前的是一個兩難局面：要麼像當年處理小行星一樣，剝奪冥王星的行星資格；要麼一視同仁地將所有較大的古柏帶天體全都吸收為行星，甚至恢復某些小行星的名譽。無論哪一種選擇，都將改變已沿襲了大半個世紀的太陽系九大行星的基本格局。

另外需要提到的是，除了來自太陽系內部的這些麻煩外，行星這個被太陽系壟斷了幾千年的專利，自一九九〇年代開始遭遇了「盜版」。天文學家們在其他恒星（包括白矮星、脈衝星等恒星「遺體」）周圍也陸續發現了行星，而且其數目迅速增加，目前已遠遠超過了太陽系的行星數目。所有這些都促使天文學家們擺脫單純的歷史沿革，對行星的定義進行系統思考。在這過程中，冥王星的命運是讓很多人——尤其是公眾——最為關注的焦點。

一九九九年，隨著有關冥王星地位變更的傳聞越來越多，負責天體命名及分類的國際天文聯合會發表了一份聲明，公開否認其正在考慮這一問題。但就在這份明修棧道式的聲明發表的同一年，該聯合會卻暗度陳倉般地成立了一個旨在研究太陽系以外行星（Extrasolar Planet）的工作組。二〇〇一年二月，該工作組擬出了一份名義上只針對太陽系以外行星的定義草案，其中給出了行星定義的一個重要組成部分，那就是行星必須足夠小，以保證其內部不會發生核融合反應 [2]。這一條的主要目的是將行星與所謂的褐矮星（brown dwarf）區分開來。按照我們目前對天體內部結構的瞭解，這一條給出的行星質量上界約為木星質量的十三倍。

除上界外，完整的行星定義顯然還應包含一個合理的下界，否則環繞恒星運動的任何小天體，甚至每一粒塵埃都將變成行星，那是不堪設想的事情。不過由於早期發現的太陽系以外的行星大都是巨行星，因此上述草案並未對質量下界給予認真關注，只是建議參照太陽系行星的情況。可這

「參照」二字說來容易，做起來卻絕不輕鬆，因為太陽系行星的情況一向只是約定成俗，而從未有過明確定義，若當真遇到什麼棘手的情形，還真不知該如何參照。有鑒於此，二〇〇二年，美國西南研究所（Southwest Research Institute）的天文學家斯特恩（Alan Stern）與萊維森（Harold Levison）提出了一組新的行星定義，這一定義採用了與上述草案相同的質量上界（措詞略有差異），但補充了質量下界。它規定：行星必須足夠大，以至於其形狀主要由引力而非物質中的其他應力所決定。在太陽系中，我們可以看到很多形狀不規則的小天體，但幾乎所有直徑在四百公里以上的天體，其形狀都非常接近由引力所主導的天然形狀：球形[3]。因此由這一條給出的行星直徑下界約為四百公里，具體的數字則與天體的物質組成有關。

由上述方式定義的行星質量上界及下界具有非常清晰而自然的物理意義。有了這兩條，再加上行星必須環繞恒星運動，以及行星不能同時是衛星這兩個顯而易見的運動學要求，行星定義就基本完整了。二〇〇六年八月十六日，國際天文聯合會正式提出了一份行星定義草案。該草案所採用的大致就是上述幾條，不過在涉及質量上界時，只對行星與普通恒星作了區分，而未涉及與褐矮星的區分（這相當於將質量上界由木星質量的十三倍提高到七十五倍左右）。這份定義草案單從物理角度講是比較令人滿意的，但用到太陽系中卻立刻會產生一個很現實的麻煩，即導致行星數量的急劇增加。事實上，由於該定義所要求的行星直徑的下界只有四百公里左右，一旦被採用，則不僅穀神星可以「官復原職」，鬩神星能夠「榮登寶座」，許許多多甚至連名字都還沒有的傢伙也將成為行星。據估計，這一定義有可能會使太陽系的行星數目增加到幾百，甚至幾千。這樣的數目雖然不存在任何原則性的問題，卻有點超乎人們的心理承受力，因為自冥王星被發現以來，幾乎每一位小學生都能說出太陽系九大行星的名稱。但假如九大行星變成幾百、甚至幾千大行星，那麼別說小學生，恐怕連大學教授也得張口結舌。

　　因此，上述草案一經提出立刻遭到了激烈的反對。經過幾天的爭論，國際天文聯合會在草案中新增了一項要求：行星必須掃清自己軌道附近的區域[4]。二〇〇六年八月二十四日，這一新定義經表決以超過百分之九十的極大比率通過，從而正式生效。按照新增的那項要求，穀神星「官復原職」的希望付諸東流，鬩神星「榮登寶座」的美夢也化為了泡影，而最慘的則是已經在行星寶座上端坐了七十六年的冥王星，它在一夜之間就被掃地出門，變成了所謂的「矮行星」──這是為像它這樣滿足其他各項要求，卻沒能完成軌道「大掃除」任務的天體所設的安慰獎。與冥王星一同獲得首批矮行星光榮稱號的還有穀神星和鬩神星。二〇〇八年三月和九月，鳥神星和妊神星也先後加入了矮行星的行列。今後，矮行星的數目顯然還會增加，但太陽系行星的數目卻暫時降為了八個。也許是意識到新定義的修改過程太過倉促，國際天文聯合會將新定義的適用範圍限定在了太陽系以內，而將普遍的行星定義留給了未來。

　　行星新定義的倉促出爐，尤其是冥王星像「嚴打」期間遭到懲處的人犯一樣在幾天之內就被草率「矮化」，引起了很多人的反對，反對者從天文學家到天文愛好者，從普通民眾到占星術士應有盡有。以前太陽系有九大行星時，人們曾用九大行星的英文開首字母編寫過一些便於記憶的英文短句，比如：My Very Educated Mother Just Served Us Nine Pizza（我那受過良好教育的媽媽剛給我們做了九個比薩餅），冥王星（「P」luto）被剝奪行星資格後，有人戲謔般地用剩下的八個開首字母也編了一個英文短句：Most Vexing Experience, Mother Just Served Us Nothing（最氣惱的經歷，媽媽沒給我們做任何東西）。

　　當然，也有比較認真的反對者，比如有人對表決的代表性提出了質疑。他們指出，參與行星定義表決的天文學家只有四百二十四人（其中投反對票者為四十二人），不到與會人數的百分之十六，與國際天文聯合會的會員總數相比，更是連百分之五都不到，不能充分地代表國際天文聯合會。不過這種質疑初看起來頗有說服力，其實卻不然。因為國際天文聯合

會的會員並非人人都對行星定義感興趣，因此投票率的高低未必能衡量投票質量的好壞。另一方面，四百二十四人從統計學角度講已經不算是太小的樣本，統計誤差只有百分之幾，超過百分之九十的大比率通過絕非統計誤差所能干擾。除非有跡象表明未投票的天文學家看待行星定義的態度與已投票者存在系統性的差異，否則更多的人投票只會使贊成及反對的票數大致按比例增加，卻幾乎不可能改變投票結果。

當然，最重要的是，行星定義無論如何改變，所影響的只是我們對天體的稱呼與分類，而不是天體本身。冥王星是行星也好，是矮行星也罷，它就是那個在六十億公里之外圍繞太陽運動，直徑約兩千三百公里，「遵循相同物理定律，由同樣的塵埃雲凝聚而成」的實心球。它是否被新定義所「矮化」，無論對於它自己還是對於天文學研究都沒什麼實質意義。不過，如果讀者對名分問題感興趣的話，朱維特——他曾被認為是最早發現古柏帶天體的天文學家，但現在只能排第二了（請讀者想一想，第一是誰？）——倒是早在冥王星被「矮化」之前就表達過一個別緻的看法，他認為冥王星如果變成一個古柏帶天體，非但不是被「矮化」，反而是受到「陞遷」，因為它的地位將從此「由外太陽系的一個令人難以理解的畸形反常，變成海外天體這一豐富而有趣的家族的首領」。正所謂：寧為雞頭，不做鳳尾，看來我們應該祝賀冥王星[5]。

[1] 對冥王星身份的最早懷疑可以追溯到湯博發現冥王星的同一年，即一九三〇年，起因是羅威爾天文台公布的冥王星軌道與羅威爾對行星 X 的預言不符。

[2] 確切地講，該定義要求行星的質量小於在其中心產生氘核融合所需的質量。由於氘核融合是恒星內部最容易產生的核融合，因此滿足這一條也就自動保證了行星內部不會產生其他核融合。

[3] 確切地講是橢球形，因為多數天體存在自轉。

[4] 這一條與其他幾條相比，其缺陷是顯而易見的，因為它並未對「軌道附近的區域」及「掃清」這兩個概念進行界定。嚴格追究的話，海王星也不能算是掃清了軌道附近的區域，因為很多海外天體的軌道週期性地穿越海王星軌道。甚至最有行星資格的木星，它的「大掃除」也是有死角的，因為在它的軌道區域中存在數量多達十萬以上的所謂「特洛伊小行星」（Trojan asteroid）。從國際天文聯合會對新定義的討論過程及此前出現的幾篇相關論文來看，「掃清」一詞的含義應該是指行星在其軌道附近的區域中處於支配性（dominant）地位。

[5] 冥王星的「雞頭」地位在二〇〇八年六月十一日得到了進一步的加強：這一天，國際天文聯合會將海王星以外（即軌道半長徑大於海王星軌道半長徑）的矮行星統稱為 Plutoid。該類別目前尚無標準中文譯名，幾種可能的選擇為：類冥天體、類冥矮行星、冥王星類天體。其中個別譯名曾被當作 plutino——即與海王星軌道存在 3：2 共振的海外天體（包括衛星）——的非正式中譯名。不過 plutoid 這一新類別出現後，為對兩者進行區別，我認為 plutino 宜另找一個可以體現英文詞根 -ino（微小）的新詞作為譯名，比如類冥小天體、微冥天體等。

Chapter 32
疆界何方

　　現在讓我們盤點一下人類在尋找太陽系的疆界時走過的漫漫長路。從遠古時期就已知道的金、木、水、火、土五大行星，以及腳下的地球，到近代的天王星、海王星，再到現代的古柏帶及離散盤。人類認識的太陽系疆界在過去兩百多年的時間裡在線度上擴大了十倍左右。

　　那麼，離散盤是否就是太陽系的疆界呢？答案是否定的。

　　讀者們也許還記得，我們在第二十八章中曾經提到，太陽系裡的彗星按軌道週期的長短可以分為兩類，其中短週期彗星大都來自古柏帶。那麼，長週期彗星又來自何方呢？

荷蘭天文學家歐特
（1900～1992）

　　一九五〇年，荷蘭天文學家歐特（Jan Oort）對長週期彗星進行了研究。他發現，很多長週期彗星的遠日點位於距太陽五萬至十五萬天文單位（約合〇‧八至二‧四光年）的區域內，由此他提出了一個假設，即在那裡存在一個長週期彗星的大本營。這一假設與將古柏帶視為短週期彗星補充基地的假設有著異曲同工之妙（但時間上更早）。那個遙遠的長週期彗星大本營後來被人們用歐特的名字命名為歐特雲（Oort Cloud）[1]（圖 17）。由於長週期彗星幾乎來自各個方向，因此歐特雲被認為大體上是球對稱的。後來的研究者進一步將歐特雲分為兩部分：距太陽兩萬天文單位以內的部分被稱為內歐特雲，它呈圓環形分布；距太陽兩萬天文單位以外的部分被稱為外歐特雲，它才是球對稱的。距估計，歐特雲中約有幾萬億顆直徑在一公里以上的彗星，其總質量約為地球質量的幾倍到幾十倍。由於數量眾多，在一些科普示意圖中歐特雲被畫得像一個真正的雲團一樣，但事實上，歐特雲中兩個相鄰小天體之間的平均距離約有幾千萬公里，是太陽系中天體分布最為稀疏的區域之一。

圖 17 歐特雲及太陽系結構示意圖

　　在距太陽如此遙遠的地方為何會有這樣一個歐特雲呢？一些天文學家認為，與離散盤類似，歐特雲最初是不存在的，如今構成歐特雲的那些小天體最初與行星一樣，形成於距太陽近得多的地方，後來是被外行星的引力作用甩了出去，才形成了歐特雲。歐特雲中的小天體由於距太陽極其遙遠，很容易受銀河系引力場的潮汐作用及附近恒星引力場的干擾，那些干擾會使得其中一部分小天體進入內太陽系，從而成為長週期彗星。

　　歐特雲距我們如此遙遠，而且包含的又大都是小天體，讀者們也許會以為除直接來自那裡的長週期彗星外，我們不太可能觀測到任何屬於歐特雲的天體。其實不然。這倒不是因為我們有能力觀測到幾千乃至幾萬天文單位之外的小天體，而是因為歐特雲並不是一個界限分明的區域。少數歐特雲天體的軌道離我們相當近，甚至能近到可被直接觀測到的程度。二〇〇三年，美國帕洛馬天文台（Palomar Observatory）的天文學家布朗（Michael Brown，他也是創神星的發現者之一）發現了一個臨時編號為 2003VB$_{12}$（正式編號為 90377）的海外天體，它的軌道遠日點距離約為九百七十六天文單位，近日點距離也有七十六天文單位。這個天體的塊

頭很大（否則就不會被發現了），直徑約有一千五百公里，曾一度被當成第十大行星的候選者（當時鬩神星尚未被發現）。天文學家們給它取了一個專門的名稱：賽德娜（Sedna，因紐特神話中的海洋生物之神）。一般認為，賽德娜是屬於內歐特雲的天體[2]。除賽德娜外，還有一個我們非常熟悉，有些讀者甚至用肉眼都曾看到過的天體——哈雷彗星——也被認為是有可能來自歐特雲的。哈雷彗星雖然是一顆短週期彗星，但很多天文學家認為，它是從歐特雲進入巨行星的引力範圍後受後者的干擾才成為短週期彗星的。

歐特雲究竟有多大呢？今天的很多天文學家認為它的範圍延伸到距太陽約五萬天文單位的地方，但也有人像歐特當年一樣，認為它延伸得更遠，直到太陽引力控制範圍的最邊緣。這一邊緣大約在距太陽十萬至二十萬天文單位處，在那之外，銀河系引力場的潮汐作用及附近恒星的引力作用將超過太陽的引力。（請讀者想一想，我們為什麼在提到銀河系引力場時強調「潮汐作用」，而在提到附近恒星的引力場時不強調這一點？）如果那樣的話，歐特雲的外邊緣應該就是太陽系的疆界了。

不過，歐特雲未必是太陽系疆界附近的唯一祕密。一九八四年，美國芝加哥大學的古生物學家勞普（David Raup）和塞普考斯基（Jack Sepkoski）在對過去兩億五千萬年間地球上的大規模生物滅絕狀況進行研究後提出，那種滅絕似乎平均每隔兩千六百萬年發生一次，而且有跡象表明其中至少有兩次似乎與大隕星撞擊地球的時間相吻合（其中最著名的一次被認為是發生在距今約六千五百萬年的白堊紀末期，導致包括恐龍在內的大量生物滅絕）。同年，美國加州大學的物理學家馬勒（Richard Muller）等人提出了一個大膽的猜測，認為太陽可能有一顆遊弋在太陽系邊緣的伴星，這顆伴星是一顆褐矮星或紅矮星（褐矮星的質量約在木星質量的十三至七十五倍之間，紅矮星的質量約在木星質量的七十五至五百倍之間），它距太陽最遠時約有二‧四光年（感興趣的讀者請根據上下文提供的訊息，計算一下它離太陽最近時的距離）。這顆伴星每隔兩千六百萬年經過

歐特雲的一部分，在它的引力干擾下，大量的歐特雲天體會脫離原先的軌道而進入內太陽系，其中個別天體會與地球相撞，從而造成大規模的生物滅絕。由於這顆伴星所起的可怕作用，它被稱為涅墨西斯（Nemesis），這是希臘神話中的復仇女神。如果太陽真的有這樣一顆伴星，並且它真的有人們所猜測的那種作用，那它無疑是太陽系疆界附近最可怕的天體[3]。即便如此，我們也不必害怕，因為按照那些科學家的說法，地球上最近一次大規模生物滅絕大約發生在距今五百萬年以前，那麼下一次同類事件——如果有的話——就該是兩千多萬年之後的事了。那時假如人類還存在，想必該有足夠的智慧來避免災難。

我們有關太陽系疆界的故事在這裡就要與讀者說再見了，但人類探索太陽系疆界的事業卻遠未結束，這樣的事業有一個美麗的名字叫科學，她值得人們去做永生的探索。

[1] 歐特並不是最早提出彗星大本營概念的天文學家。一九三二年，愛沙尼亞天文學家奧匹克
（Ernst öpik）曾經提出過彗星來自太陽系邊緣的一片「雲」的假設。此外，早年曾有一些
天文學家認為短週期彗星也來自歐特雲，只不過是在接近內太陽系時受到巨行星的影響而
被俘獲成了短週期彗星。但具體的計算及模擬表明，小天體從遙遠的歐特雲進入並被俘獲
在內太陽系的概率非常小，不足以解釋觀測到的短週期彗星的數量。而且來自歐特雲的新
彗星的軌道傾角分布也與短週期彗星的傾角分布有著顯著差異。因此後來人們放棄了這一
假設（但個別短週期彗星——比如哈雷彗星——仍被認為是有可能來自歐特雲）。

[2] 二〇〇〇年，羅威爾天文台發現的一個臨時編號為 $2000CR_{105}$（正式編號為 148209），遠
日點距離約三百九十四天文單位，近日點距離約四十四天文單位的小天體也被認為有可能
屬於內歐特雲，但爭議較大。

[3] 需要提醒讀者注意的是，有關太陽伴星的猜測目前只有很少的支持者，其學術地位遠低於
有關歐特雲的猜測。

附錄 冥王星沉浮記[1]

引言

如果你徜徉在紐約曼哈頓的街頭，也許會被一座特別的雕像所吸引，那便是矗立在著名地標性建築洛克菲勒中心（Rockefeller Center）前的阿特拉斯（Atlas）雕像（圖18）。阿特拉斯是希臘神話中象徵著力量與堅忍的巨神，在他的肩上扛著整個天球[2]。如果有辦法細看的話，你也許還會驚訝地發現，這座雕像的天球之上只刻著八顆行星。比雕像的落成早七年就已發現，直到二○○六年才被降級的冥王星竟然不在其中。是藝術家未卜先知嗎？不是。原來，這座落成於一九三七年的雕像是一九二○年代設計的，當時冥王星尚未被發現，天球上自然也就沒它的位置了。不過，那原本已成為缺陷的八大行星在相隔大半個世紀之後重新

變得貼切，是誰也不曾料到的。

如今距離冥王星的降級已時隔多年，冥王星是如何一步步走向降級的？降級後人們的反應又如何呢？在本附錄中，我們將依照時間的順序來回顧一下這顆昔日行星的「命運」沉浮。

圖18 洛克菲勒中心前的阿特拉斯雕像
（弧形的天球支架上刻有行星符號）

冥王星降級前七十六年

冥王星是一九三〇年由美國羅威爾天文台的一位當時僅僅是觀測助理的年輕天文學家湯博（Clyde Tombaugh）發現的（它因此而被稱為「美國行星」）。與其他八大行星不同的是，冥王星的行星地位受到過多次懷疑。在發現之初，它曾被視為是一顆被理論所預言的新行星。但人們很快就發現，無論它的質量還是軌道，都與理論預言存在較大的差異。因此早在它被發現的那一年，就有人因其與理論預言不相符合，而懷疑它並非太陽系的第九大行星。不過那種懷疑並不成立，因為當時有關新行星的預言是錯誤的 [3]，與錯誤的預言不相吻合是不能怪冥王星的。

冥王星降級前五十年

一九五六年二月，冥王星的行星地位再次遭到了懷疑，美籍荷蘭裔天文學家古柏（Gerard Kuiper）在接受美國《時代》週刊的採訪時表示，冥王星的自轉週期超過六天，對於行星來說顯得太慢了。古柏是一位著名的行星天文學家，以他名字命名的古柏帶將在五十年後成為冥王星降級的真正原因，但他以自轉太慢為由懷疑冥王星的行星地位，卻是站不住腳的。我們現在知道，水星的自轉週期約為五十九天，金星的更是長達兩百四十三天，都比冥王星轉得更慢 [4]。

冥王星降級前二十八年

一九七八年六月，冥王星迎來了一個對其行星地位來說喜憂參半的消息：它的衛星凱倫（Charon）被美國海軍天文台的天文學家所發現。通過觀測凱倫的運動，冥王星的質量首次得到了較為精確的測定，結果竟然還不到月球質量的五分之一，這顯然是個壞消息。但另一方面，很多天文學家相信，衛星按定義就是繞行星運轉的天體，冥王星既然有衛星，它自己當然就只能是行星了，因此這同時又是一個好消息。不過這好消息背後的理據在一九九四年遭到了破滅。那一年，天文學家們發現了小行星的衛星 [5]，從而使得擁有衛星不再是行星的專利。

冥王星降級前十四年

　　一九九二年，冥王星作為太陽系中海王星以外之唯一天體（彗星不算）的地位宣告不保。自一九九二年起，人們在海王星之外陸續發現了越來越多的新天體（統稱為海外天體），它們的大小雖暫時還不能與冥王星相比，但它們的出現越來越證實了天文學家們早在二十世紀中葉就提出過的一種觀點，即海王星之外存在大量小天體，它們都是行星演化的「半成品」，冥王星有可能是它們中的一員[6]。

　　「山雨欲來風滿樓」，至此，冥王星的「命運」已岌岌可危，這危機驚動了一個人，他就是昔日那位羅威爾天文台的年輕觀測助理，如今已德高望重的冥王星發現者湯博。

冥王星降級前十二年

　　一九九四年十二月，已經八十八歲高齡的湯博寫了一封信給美國科普雜誌《天空與望遠鏡》（Sky & Telescope），為冥王星的「命運」做最後一搏。在信中他主張像維持其他天文命名體系——比如恒星的光譜命名及星座的命名那樣保留冥王星的行星地位。他並且主張以十七等星作為分界，將最近發現的海王星以外暗於十七等的小天體命名為古柏小天體（Kuiperoids），以區別於冥王星。可惜的是，這些主張都沒什麼說服力，以十七等星（而且還是視星等）為分界更是充滿了隨意性[7]。兩年之後，湯博離開了人世。

冥王星降級前六年

　　二〇〇〇年二月，位於紐約曼哈頓的海登天文館（Hayden Planetarium）作出了一個大膽的決定，在太陽系的行星模型中破天荒地去掉了冥王星。二〇〇一年一月二十二日，這一公開的祕密被《紐約時報》的記者所發現，並以《冥王星不是行星嗎？只在紐約》（Pluto's Not a Planet? Only in New York）為題在頭版作了報導。那一天，天文館主任泰森（Neil Tyson）的電話留言及電子郵箱均被雪片般飛來的詢問與質疑擠爆。不過當時

去世前不久的湯博

學術界有關冥王星行星地位的意見已足夠分歧，泰森成功地抵抗住了壓力。

冥王星降級前一年

二〇〇五年一月，美國天文學家布朗（Michael Brown）在檢查舊的觀測相片時發現了一顆比冥王星更大的海外天體：鬩神星。從此冥王星不僅不再是海王星以外的唯一天體（彗星不算），甚至連最大的天體也不再是了。這一發現在很大程度上成為了「壓垮」冥王星行星地位的最後一根稻草。

冥王星降級前七個月

二〇〇六年一月，英國廣播公司（BBC）採訪了地球上最後一位與冥王星有直接淵源的人：英國退休女教師費爾（Venetia Phair）。七十六年前，年僅十一歲的她提議了冥王星的名字 [8]。不過，在被問及對冥王星的「命運」危機有何看法時，費爾表示自己年事已高，不再關心此事，但她樂意看到冥王星繼續當行星。三個月後，費爾也離開了人世。

冥王星降級零時

二〇〇六年八月二十四日，冥王星「命運」水落石出的時刻終於來臨。國際天文聯合會（IAU）的四百二十四位天文學家在捷克共和國的首都布拉格（Prague）就行星的定義及冥王星的地位問題舉行投票。在投票結果即將宣布的那一刻，無數記者在場外屏息等候，用海登天文館主任泰森的形容，那滿場的寂靜宛如梵蒂岡教廷任命新教宗前，教徒們在宮殿外屏息等候的情形。一個科學事件引起如此關注是不多見的。

投票的結果是：冥王星降級成了矮行星（dwarf planet）。

一石激起千層浪！

在那一刻之前，也許很少有人真正關心過那個遠在六十億公里之外的由岩石與寒冰組成的遙遠球體，有關冥王星「命運」的爭議也基本侷限在科學界之內；在那一刻之後，整個事件被驟然披上了濃厚的文化色彩。學生、政客、占星師、宗教信徒、科學愛好者等，全都加入了關注行列，並發表了種種意見。如果說此前的倒計時所記錄的主要是科學事件，那麼此後的時鐘卻記錄了很多文化及社會事件。

冥王星降級後幾分鐘

冥王星降級的消息立刻在全球媒體上占據了重要版面，有人甚至精心杜撰了許多搞笑標題，比如《美國聯邦經費不足導致太陽系裁員》，《民主黨人拒絕向冥王星提供援助》，《冥王星降級違憲》，等等[9]。不過真正搞笑的要數美國加州議會的一份真實的抗議提案。那份提案事先就已擬定，並在國際天文聯合會投票結束幾分鐘之後就提了出來。加州之所以如此有備而來，是因為「冥王星」這一名稱在加州有另外一層含義，它是總部位於加州的迪士尼樂園（Disneyland）中一條深受孩子們喜愛的寵物狗的名字。加州議會在提案中鄭重表示，冥王星的降級將會「傷害加州的孩子」[10]。不過，議員們的熱心並未得到寵物狗的真正主人——迪士尼公司——的響應。迪士尼公司表示，寵物狗「布魯托」除了偶爾會對著月亮嚎叫幾聲外，對其他天體

並無興趣。加州議會的冥王星提案最終擱淺。

冥王星降級後四個月

冥王星的降級也讓很多冥王星愛好者感到不滿，他們以各種方式表達了對冥王星的深切懷念，其中包括組建冥王星粉絲團，製作小宣傳品，開辦請願網站，等等。二〇〇六年底，美國方言協會（American Dialect Society）宣布將冥王星 Pluto 由名詞提升為動詞，用法為 to pluto 或 to be plutoed。仿照當下中文網上頗為流行的「被」字短語（比如「被就業」、「被增長」等），該動詞可譯為「被冥」，其含義為「像冥王星一樣被貶」。冥王星在天文學上被貶，卻在詞義上獲得了提升，算是略有補償吧。

冥王星降級後一至三年

自冥王星降級後的第二年起，美國的另兩個州也步加州後塵提出了冥王星提案，並且還得到了通過。那兩個州都與冥王星的發現者湯博有著密切關係。其中一個是新墨西哥州，那是湯博後半生的居住地，也是他任教十八年之久的新墨西哥州立大學（New Mexico State University）的所在地。二〇〇七年三月八日，新墨西哥州議會通過決議，宣布冥王星在該州仍然是行星。另一個是伊利諾州，那是湯博的出生地。二〇〇九年二月二十六日，伊利諾州議會也通過決議，宣布冥王星在該州為行星。因此，現在我們可以仿照《紐約時報》當年的標題說一句：「冥王星是行星嗎？只在新墨西哥州和伊利諾州」。與湯博有關的另一個重要地點——發現冥王星的羅威爾天文台——也不落人後，別出心裁地在捐款箱上設計了幾個小小的選項，讓大家用錢包來投票，結果——如所預料的——是支持冥王星為行星的參觀者為數最多（圖 19）。

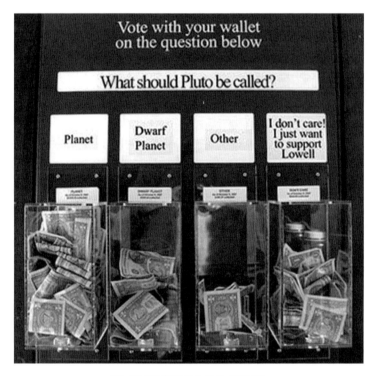

圖 19 羅威爾天文台的捐款箱

另一方面，天文學家們的意見也並非鐵板一塊。冥王星雖然被降級了，許多天文學家對它的「愛心」卻依然不改。冥王星「被冥」後不久，美國行星科學研究所（Planetary Science Institute）的主任賽克斯（Mark Sykes）就帶頭發表了一份由三百零四位科學家簽名的請願書，宣布不承認國際天文聯合會的投票結果。三百零四這一人數大有直逼國際天文聯合會的投票

人數四百二十四之勢，不過簡單的統計表明，簽名者中絕大多數是美國科學家，非美國的只有不到二十人（而國際天文聯合會中的非美國科學家占三分之二）。看來對冥王星地位的看法即便在學術界之內也不是單純的學術問題[11]。國際天文聯合會收到的抗議信也有著同樣鮮明的國別色彩，超過百分之九十是來自美國民眾的，這與冥王星是「美國行星」顯然不無關係。

常言道：解鈴還需繫鈴人。學術問題歸根到底還是要用學術手段來解決。二○○八年八月，一百多位天文學家聚集在美國的約翰‧霍普金斯大學（John Hopkins University），再次就行星定義展開了討論。在討論中，很多天文學家表達了自己的看法。那些看法從支持國際天文聯合會的定義，到將行星俱樂部擴招幾十倍[12]；從以保護「文化遺產」為名保留冥王星的「行星籍」，到乾脆將月球也升級為行星，林林總總，應有盡有。由於分歧實在太大，後來的會議簡報只列出了一條不無搞笑意味的共識，叫做「沒有共識的共識」（agree to disagree）。

在針對國際天文聯合會有關冥王星地位所作的表決的全部質疑中，最有技術含量的理由是參與表決的人數太少，還不到全體會員人數的百分之五，從而缺乏代表性。這一理由聽起來不無道理，因而被許多人所支持，但它其實並非真的很有力，因為當時的表決結果是以百分之九十的大比數通過的，遠大於統計誤差，很難被單純的人數

增加所改變。不過另一方面，這些年來天文學家們始終無法就行星定義達成共識這一事實，從一個側面顯示出當年的表決確有值得商榷之處，只不過這商榷之處恐怕不是人數太少，而是在於選項太少，即在表決時只有一份提案可供選擇，從而無可避免地帶有片面性。這就好比在晚飯時間，讓一群人選擇吃川菜還是不吃，多數人——包括不太喜歡川菜的人——都會選擇吃川菜；但如果選項增加為：吃川菜、粵菜、魯菜、浙菜還是不吃，意見也許就會相當分歧。

尾聲

有關冥王星這顆「美國行星」的爭議看來還將持續很長時間。雖然有那麼多人在關注，我們對冥王星的真正瞭解卻少之又少，甚至連一張像樣的圖片都拿不出來。為了改變這一局面，二○○六年一月十九日，美國國家航空暨太空總署發射了人類有史以來第一個冥王星探測器：新地平線號（New Horizons）。這個探測器上除了觀測儀器外，還攜帶著冥王星發現者湯

博的部分骨灰，這位來自伊利諾州的「農民的兒子」將在二〇一五年魂遊自己所發現的冥王星。當他出發時，冥王星還是一顆行星，如今它卻只是一顆編號為 134340 的矮行星了。不過，讓我們且把名分之爭放在一邊，翹首期待「新地平線」探測器掠過冥王星的那一刻吧，無論我們如何稱呼冥王星，那都將是一個激動人心的時刻（圖 20）。

圖 20 「新地平線」探測器飛臨冥王星的想像圖

[1] 本文的刪節版曾發表於二〇〇九年十月的《科學畫報》。

[2] 阿特拉斯（Atlas）還是英文單詞 atlas（地圖冊）的詞源。

[3] 有關這一點的詳細介紹，請參閱第二十三、二十四、二十七等章。

[4] 讀者也許會覺得奇怪，像古柏那樣的天文學家怎麼會把像自轉速度那樣細枝末節的性質作為懷疑冥王星行星地位的理由？其實他的真正理由是：像冥王星那樣慢的自轉當時只在衛星中被發現過，因此冥王星的緩慢自轉說明它有可能是一顆僥倖逃脫海王星引力束縛的衛星。這種將巨行星的某些衛星與像冥王星那樣的古柏帶天體聯繫起來的觀點是頗有遠見的。雖然我們現在並不認為冥王星是逃脫海王星引力束縛的衛星，但相反的過程，即古柏帶天體被俘獲成為海王星（或其他巨行星）衛星的過程卻得到了不少天文學家的認同，比如海王星的衛星 Triton（海衛一）就被認為很可能是遭俘獲的古柏帶天體。

[5] 這一發現是通過美國的「伽利略」號探測器得到的，所發現的是圍繞小行星 Ida（艾達）運轉的衛星。小行星 Ida 是一個形狀不規則的天體，平均線度為三十一‧四公里，它的衛星 Dactyls（戴克泰）的平均線度則為一‧四公里。

[6] 有關這一觀點的詳細介紹，請參閱第二十八章。

[7] 讀者也許會問：湯博為什麼選十七等星這樣一個特殊星等？答案很簡單：那是湯博自己曾經搜索過的最暗天體的視星等。以自己的天文搜索能力作為天體分界的標準，在學術上顯然是沒有任何說服力的。

[8] 有關這一點，請參閱第二十六章。

[9] 這些搞笑標題來自美國的一份政治幽默雜誌 The People's Cube。

[10] 加州議案的抗議理由還包括冥王星的降級會「損害某些擔憂普適常數（注：指行星數目）穩定性的加州人的心理健康」及「擴大加州的財政赤字」。

[11] 科學家也是人，他們在考慮問題——尤其是像冥王星身份這種介於主觀與客觀之間的問題——時也無可避免地會摻入個人情感甚至民族情感。從民族情感上講，美國民眾（包括科學家）希望冥王星保留行星身份者為數較多，其他國家的人則大都無所謂；從個人情感上講，冥王星的發現者湯博、命名者費爾、冥王星探測計劃的主管者斯特恩（Alan Stern）等都主張保留冥王星的行星身份，而古柏帶的提出者古柏與發現者朱維特、劉麗杏等則持相反看法。

[12] 擴招幾十倍的方法是放棄國際天文聯合會的定義中「掃清自己軌道附近的區域」這一條件，這樣一來潛在的行星數目有可能增加到幾百甚至更高（關於這一點，請參閱第三十一章）。

術語表

矮行星（dwarf planet）

矮行星是國際天文聯合會於二〇〇六年八月二十四日結合行星新定義而提出的太陽系天體的新類別，太陽系內的矮行星是同時滿足以下四個條件的天體：

(1) 圍繞太陽公轉；

(2) 具有足夠的質量使自身引力克服剛體應力，從而具有（近球形的）流體靜力平衡形狀；

(3) 沒有掃清自己軌道附近的區域；

(4) 不是衛星。截至二〇〇九年八月，太陽系中共有五個天體被定為矮行星，它們分別是：穀神星（Ceres）、冥王星（Pluto）、閱神星（Eris）、鳥神星（Makemake）和妊神星（Haumea）。

這一數目今後無疑將會增加。

歐特雲（Oort cloud）

歐特雲是以荷蘭天文學家歐特（Jan Oort）的名字命名的假想中的長週期彗星大本營，其範圍有可能一直延伸到太陽引力控制範圍的最邊緣（距太陽十萬至二十萬天文單位）。歐特雲有可能存在內外之分，距太陽二十萬天文單位以內的內歐特雲——也叫希爾雲（Hill cloud）——呈圓環形分布，在那之外的外歐特雲則呈球對稱分布。據估計，歐特雲中約有幾萬億個直徑在一公里以上的天體。歐特雲天體距太陽的平均距離雖然極遠，但個別天體的近日點距離卻有可能並不太大，從而能被觀測到，比如今後有可能會被提升為矮行星的太陽系小天體賽德娜（Sedna），就有可能是一個歐特雲天體。

表觀逆行（apparent retrograde motion）

觀測天文學上的表觀逆行，是指因地球（或觀測者所在的其他參照系）本身的運動而造成的被觀測天體相對於背景星空的表觀運動與其相對於太陽的真實運動相反的現象。從某種意義上講，如果我們相信行星的運動受簡單規律所引導，那麼表觀逆行可以認為地球本身也是行星，從而也在運動的很有力的證據之一。不過在早年的歷史上，人們寧願用包含大量本輪、均輪的複雜模型來解釋包括表觀逆行在內的行星運動，也不願輕易接受地球也在運動的觀念。

電荷耦合器件（charge coupled device）

電荷耦合器件（簡稱 CCD）是一種能夠傳輸及存儲電荷的半導體器件，它的一項很重要的用途是與光電器件相結合，製成可以取代傳統底片的感光器件。CCD 是美國貝爾實驗室（Bell Labs）的科學家博伊爾（Willard Boyle）和史密斯（Gerorge Smith）於一九六九年發明的（博伊爾和史密斯因此而獲得了二〇〇九年的諾貝爾物理學獎），它已成為現代數碼影像技術及觀測天文學中不可或缺的工具。CCD 作為感光器件的最大優點之一是具有極高的敏感度，能對百分之七十甚至更大比例的入射光作出反應（普通相片底片的這一比例還不到百分之十）。另外，CCD 所具有的影像記錄數字化的特點，還為電腦處理提供了極大的便利。在歷史上，古柏帶天體的發現就藉助了 CCD 的幫助。

廣義相對論（general theory of relativity）

廣義相對論是物理學家愛因斯坦（Albert Einstein）於一九一五年底提出的引力理論。廣義相對論將引力效應歸結為時空的彎曲，是物理理論幾何化的一個範例。自提出以來，廣義相對論的各種預言已得到了大量觀測及實驗的支持，直到今天仍是描述萬有引力的最佳理論。廣義相對論不僅是現代宇宙學及強引力場研究的基礎，而且也是對弱引力場下的精密效應進行分析

的重要工具，它的影響甚至包括了諸如全球衛星定位系統這樣的應用領域。

國際天文聯合會（International Astronomical Union）

國際天文聯合會是一個由職業天文學家組成的國際機構，成立於一九一九年，總部位於法國的巴黎。國際天文聯合會目前共有一萬多名會員，分布於近百個不同的國家。國際天文聯合會的主要職責包括組織國際天文會議，對天體及天體表面地貌進行命名等。國際天文聯合會近期最具爭議的一個舉動是於二〇〇六年八月二十四日投票通過了有關太陽系行星的定義，並將七十六年來一直被視為行星的冥王星分類為了矮行星。

海王星檔案（Neptune files）

海王星檔案是一批與海王星發現有關的歷史文件，主要包括海王星發現前後英國天文學家艾里（George Airy）與國內外同行的通信及其他資料。海王星檔案最初被艾里存放於格林威治天文台，但在二十世紀中期被恒星天文學家艾根祕密「借」走，直到艾根去世後的一九九八年才重見天日。海王星檔案的部分內容目前已在網路上公布。個別歷史學者曾依據海王星檔案對傳統的海王星發現史提出了質疑，但那些質疑帶有較強的陰謀論色彩，迄今並無足夠的說服力成為史學界的主流觀點。

彗星（comet）

彗星一詞的希臘文原意是「頭髮」（後來被亞里斯多德引申為「帶頭髮的星星」），是圍繞太陽運動的太陽系小天體的一種。在接近太陽時，彗星上的揮發性物質會在太陽輻射及太陽風的作用下形成長長的彗尾（「帶頭髮的星星」之名由此而來）。彗星是天空中除行星外最常見的移動天體，歷史上天文學家們曾多次將新發現的行星或小行星誤當成彗星。太陽系內的彗星按軌道週期可大致分為兩類：週期在兩百年以下的稱為短週期彗星，它們大都來自古柏帶及離散盤；週期在

兩百年以上的稱為長週期彗星，它們被認為是來自歐特雲。

角秒（arc second）

角秒是觀測天文學上常用的角度單位，一角秒等於一角分的六十分之一，或一度的三千六百分之一，或圓周（三百六十度）的 1/1296000。肉眼觀測所能達到的最高精度通常為幾十角秒。

康德 - 拉普拉斯星雲假說（Kant-Laplace nebular hypothesis）

康德 - 拉普拉斯星雲假說是有關太陽系起源的假說，最初的想法是由瑞典科學家斯韋登伯格（Emanuel Swedenborg）於一七三四年提出的。一七五五年，德國哲學家康德（Immanuel Kant）發展了這一想法。一七九六年，法國數學家拉普拉斯（Pierre-Simon Laplace）也獨立地提出了類似的假說。康德 - 拉普拉斯星雲假說認為太陽系是由一團星際塵埃雲收縮凝聚而成的，這一想法成為了目前太陽系（以及其他行星系統）演化學說中的主流想法。

古柏帶（Kuiper belt）

古柏帶也稱為埃奇沃斯 - 古柏帶，是二十世紀中葉先後由包括愛爾蘭天文學家埃奇沃斯（Kenneth Edgeworth）和美籍荷蘭裔天文學家古柏（Gerard Kuiper）在內的多位天文學家從理論上提出，並在二十世紀末得到觀測證實的天體帶。古柏帶與太陽的距離約為三十至五十五天文單位。一般認為，古柏帶天體是行星演化過程中的半成品。據估計，古柏帶中僅直徑大於一百公里的天體就有七萬個以上，其中最著名（並且也最大）的是矮行星冥王星。古柏帶與離散盤被認為是太陽系中短週期彗星的大本營。

離散盤（scattered disc）

離散盤是太陽系外圍的一個盤狀區域，與太陽的距離從三十至五十五天文單位延伸到一百天文單位甚至更遠。離散盤天體的軌道通常具有較大的橢率，半長徑通常在

五十天文單位以上，其中最著名（迄今所知也最大）的天體是矮行星鬩神星（Eris）。目前天文學家們對離散盤的瞭解還很有限，一般認為，離散盤中的天體有可能是被外行星的引力甩出來的古柏帶天體。

閃爍比對器（blink comparator）

閃爍比對器是通過快速切換的方法來對比兩張不同相片的儀器。閃爍比對器特別適合於尋找在兩次拍攝間亮度或位置發生變化的天體。在歷史上，冥王星就是通過閃爍比對器發現的。隨著電荷耦合器件及電腦圖像對比與處理技術的普及，閃爍比對器的重要性已有了顯著的下降。

視星等（apparent magnitude）

視星等是扣除了大氣層的影響後，天體相對於地面觀測者的表觀亮度。視星等採用的是對數標度，其中正常肉眼所能看見的最暗天體定義為六等，比這一天體亮一百倍的天體定義為一等（因此視星等每

相差一等，亮度相差 $100^{1/5} \approx 2.512$ 倍）。觀測天文學上的一些典型的視星等為：太陽 -26.73，滿月 -12.6，最亮時的金星 -4.6，最亮時的天王星 5.5，最亮時的穀神星 6.7，最亮時的冥王星 13.6，口徑八公尺的地面光學望遠鏡所能觀測的最暗天體的視星等為 27，哈伯望遠鏡所能觀測的最暗天體的視星等為 30。

提丟斯 - 波德定則（Titius-Bode law）

提丟斯 - 波德定則是德國天文學家提丟斯（Johann Titius）於一七六六年提出的太陽系天體分布經驗規律。按照這一定則，太陽系各行星的軌道半徑（以地球軌道半徑為單位）r_n 滿足 $r_n=0.4+0.3 \times 2^n$（其中水星對應於 $n=-\infty$，其餘行星及小行星帶自內向外依次對應於 $n=0, 1, 2, 3$ 等）。這一定則經過德國天文學家波德（Johann Bode）的「借用」及傳播後廣為人知，並在小行星帶的發現及海王星的軌道計算中造成過一定作用。提丟斯 - 波德定則對於海王星以內的各行星

及小行星是不錯的近似，在那之外則基本無效。一般認為，提丟斯 - 波德定則並無理論依據，有可能是軌道共振及初始條件的共同結果，也可能只是巧合。

天體力學（celestial mechanics）

天體力學是運用力學原理研究天體運動的天文學分支。天體力學通常用於計算已知天體（包括人造天體）的運動，但在歷史上也曾被用於推算未知天體的位置，其中最成功的例子是對海王星位置的預言。天體力學中的一些著名問題——比如三體問題——曾引起數學家與物理學家的強烈興趣及深入研究。在精密的天體力學計算中有時需要引進相對論修正，其中最著名的例子是在水星近日點進動的計算中引進廣義相對論修正。

天文單位（astronomical unit）

天文單位是行星天文學上最常用的距離計量單位，它近似等於地球與太陽的平均距離，或 1.496億公里。它在國際單位制中的嚴格定義為：在太陽引力作用下沿圓軌道以每天 0.01720209895 弧度的角速度運動的試驗粒子的軌道半徑。嚴格地講，天文單位的大小是不恒定的。（感興趣的讀者請思考一下，哪些因素會導致上述定義下的天文單位不恒定。）

牛頓萬有引力定律（Newton's law of universal gravitation）

牛頓萬有引力定律是描述有質量物體之間引力相互作用的物理學定律，它是英國物理學家牛頓（Isaac Newton）在一六八七年出版的著作《自然哲學的數學原理》中發表的（他的一些同時代人也有過類似的想法）。按照牛頓萬有引力定律，兩個線度可以忽略的有質量物體之間的引力的大小正比於兩個物體質量的乘積，平方反比於兩個物體的距離，方向則沿兩個物體的連線。牛頓萬有引力定律在很長的時間裡一直是天體力學的基礎，並且直到今天依然適用於引力場不太強，運動速度不太快，對精度要求

不太高的天體力學計算。

小行星帶（asteroid belt）

　　小行星帶是大致位於火星與木星軌道之間的環狀分布的小天體群。小行星帶中最早被發現的若干成員曾一度被誤當成行星。按照目前人們對太陽系天體的分類，小行星帶中最著名（並且也最大）的天體是矮行星穀神星（Ceres），其餘按目前的分類則全都是太陽系小天體。據估計，小行星帶中約有超過一百萬個直徑一公里以上的天體。

行星（planet）

　　行星一詞的希臘文原意是「漫遊者」，最初指的是太陽系內的金、木、水、火、土五大行星，在日心說被採納後又增加了地球。在約定成俗幾千年之後，國際天文聯合會於二〇〇六年八月二十四日對太陽系內的行星進行了定義。按照這一定義，太陽系內的行星是同時滿足以下三個條件的天體：

(1)　圍繞太陽公轉；

(2)　具有足夠的質量使自身引力克服剛體應力，從而具有（近球形的）流體靜力平衡形狀；

(3)　掃清了自己軌道附近的區域。

目前太陽系中共有八個行星，它們分別是：水星、金星、地球、火星、木星、土星、天王星和海王星。

參考文獻

1. Bartusiak M.Archives of the Universe [M].New York: Vintage Books, 2004

2. Beatty J K, Petersen C C, Chaikin A. The New Solar System. London: Cambridge University Press, 1999

3. Brookes C J. On the Prediction of Neptune [J]. Celestial Mechanics, 1970, 3:67-80.

4. Davies J. Beyond Pluto [M]. London: Cambridge University Press, 2001.

5. Graney C M. On the Accuracy of Galileo's Observations [J]. Baltic Astronomy, 2007, 16(3): 443-449.

6. Hoskin M. Bode's Law and the Discovery of Ceres [J]. Astrophysics and Space Science Library, 1993, 183: 35.

7. Hoyt W G. Planets X and Pluto [M]. Tucson: University of Arizona Press, 1980.

8. Kollerstrom N. An Hiatus in History: The British Claim for Neptune's Co-prediction, 1845-1846 [J]. Hist of Sci, 2006, 44(3): 349-371.

9. Littmann M.Planets Beyond：Discovering the Outer Solar System [M]. New York: Dover Publications, Inc., 2004

10. Miner E D. Uranus: The Planet, Rings and Satellites [M]. Hoboken: John Wiley & Sons, 1998

11. Motz L, Weaver J H. The Story of Astronomy [M]. New York: Perseus Publishing, 1995

12. Price F W. The Planet Observer's Handbook [M]. London: Cambridge University Press, 1994

13. Standage T. The Neptune File [M]. New York: Walker Publishing Company, Inc., 2000.

14. Tyson N. The Pluto Files: The Rise and Fall of America's Favorite Planet [M]. New York: W. W. Norton & Company, Inc., 2009.

15. Weintraub D A. Is Pluto a Planet: A Historical Journey through the Solar System [M]. Princeton: Princeton University Press, 2006.

國家圖書館出版品預行編目（CIP）資料

那顆星星不在星圖上：尋找太陽系的疆界 / 盧昌海 著 . -- 第一版 . -- 臺
北市：崧燁文化 , 2020.01
　面；　公分
ISBN 978-986-516-197-2(平裝)

1. 太陽系

323.2　　　　108018885

書　　　　名：那顆星星不在星圖上：尋找太陽系的疆界

作　　　　者：盧昌海 著

責 任 編 輯：林非墨

發 行　　人：黃振庭

出 版　　者：崧燁文化事業有限公司

發 行　　者：清文華泉事業有限公司

E - m a i l：sonbookservice@gmail.com

粉 絲　　頁：https://www.facebook.com/sonbookss/

網　　　　址：https://sonbook.net/

地　　　　址：台北市中正區重慶南路一段六十一號八樓 815 室

　　　　　　　Rm. 815, 8F., No.61, Sec. 1, Chongqing S. Rd., Zhongzheng

　　　　　　　Dist., Taipei City 100, Taiwan (R.O.C)

定　　　　價：350 元

發 行 日 期：2020 年 1 月第一版